LES

MINES D'OR

DU TRANSVAAL

DISTRICTS DU WITWATERSRAND, D'HEIDELBERG ET DE KLERKSDORP

PAR

M. L. De LAUNAY

Ingénieur des mines, professeur à l'École supérieure des Mines

---

(Extrait des ANNALES DES MINES, livraison de janvier 1896.)

PARIS

Vve CH. DUNOD ET P. VICQ, ÉDITEURS

LIBRAIRES DES CORPS NATIONAUX DES PONTS ET CHAUSSÉES, DES MINES ET DES TÉLÉGRAPHES

Quai des Grands-Augustins, 49

1896

LES MINES D'OR

DU TRANSVAAL

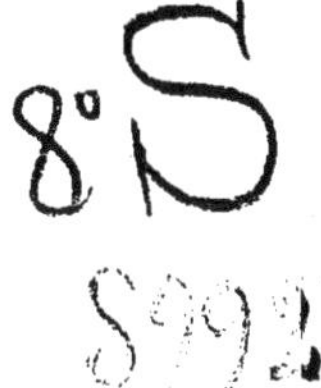

TOURS

IMPRIMERIE DESLIS FRÈRES

6, Rue Gambetta, 6

LES

MINES D'OR

DU TRANSVAAL

DISTRICTS DU WITWATERSRAND, D'HEIDELBERG ET DE KLERKSDORP

PAR

M. L. De LAUNAY

Ingénieur des mines, professeur à l'École supérieure des Mines

---

(Extrait des ANNALES DES MINES, livraison de janvier 1896.)

PARIS

Vve CH. DUNOD ET P. VICQ, ÉDITEURS

LIBRAIRES DES CORPS NATIONAUX DES PONTS ET CHAUSSÉES, DES MINES ET DES TÉLÉGRAPHES

Quai des Grands-Augustins, 49

1896

LES MINES D'OR DU TRANSVAAL

DISTRICTS DU WITWATERSRAND, D'HEIDELBERG ET DE KLERKSDORP

Par M. L. DE LAUNAY,

Ingénieur des mines, professeur à l'École supérieure des Mines.

Au mois de janvier 1891, nous avons publié ici même un premier mémoire sur les mines d'or du Transvaal. Notre attention avait été, à cette époque, vivement attirée sur ce pays par les rapports tout particulièrement développés et étudiés, que M. Aubert, consul de France à Pretoria, consacrait chaque année au progrès de son industrie. Depuis lors, nous n'avons cessé de nous intéresser de loin à cette importante question (*), et, cette année, enfin, ayant pu faire au centre de ces mines, à Johannesburg, un séjour de deux mois, nous nous sommes trouvé en mesure de compléter, par des observations personnelles, les connaissances que, jusque-là, nous avions seulement acquises de seconde main. C'est le résultat de ce travail que nous voudrions donner ici. Bien que, depuis 1891, plusieurs ouvrages importants, tels que ceux de Hamilton Smith, Schmeisser, Goldmann, Hatch et Chal-

---

(*) Voir : *Nature* du 3 octobre 1891, « Les mines d'or du Transvaal » ; Bull. des *Annales des Mines*, janv. 1892 : « Nouveaux gisements d'or au Cap » ; *Ibid.*, juillet 1892, « Développement des mines d'or du Transvaal ».

mers (*) aient paru en langue étrangère sur le Transvaal, il reste, croyons-nous, quelque chose à y ajouter, surtout en ce qui concerne la géologie des gisements ; et, quant à la description des mines et des procédés de traitement, le développement industriel est, en ces pays neufs, tellement rapide, que quelques mois à peine écoulés renouvellent le sujet ; d'ailleurs, en français, les publications scientifiques ou techniques sur le Transvaal continuent à faire défaut (**).

Comme l'indique le titre de cet article, notre intention est de nous restreindre absolument aux champs aurifères du Witwatersrand, de Heidelberg et de Klerksdorp, en laissant de côté ceux de de Kaap (Barberton), Komati, Lydenburg, Murchison Range, Zoutpansberg, etc., également situés au Transvaal et, à plus forte raison, ceux du Zoulouland, du Mashonaland ou du Bechuanaland, récemment trouvés dans les régions voisines. Nous désirons, en effet, ne parler que de ce que nous avons vu par nous-même, et, notre séjour en Afrique Australe n'ayant pu avoir qu'une durée restreinte, nous avons préféré limiter nos efforts sur un sujet bien déterminé, et formant par

---

(*) Hamilton Smith, *The Witwatersrand goldfields. Times*, 17 janv. 1893 ; Schmeisser, *Uber Vorkommen und Gewinnung der nutzbaren Mineralien in der Sudafrikanischen Republik.* Berlin, 1894 ; Goldmann, *South african mining and finance* (une seconde édition en trois volumes de cet important ouvrage paraît au moment où nous écrivons) ; Hatch et Chalmers, *The gold Mines of the Rand*, 1895 (cet ouvrage nous parvient également pendant l'impression de ce mémoire).

On peut encore consulter les revues anglaises : *South african mining journal*; *South Africa; South african financial record.* — Nous avons cherché à donner, autant que possible, des figures différentes de celles qui ont paru dans ces ouvrages, de manière à en former sur ce point le complément.

(**) Nous citerons seulement : Bel, *Les Mines d'or du Transvaal*, *Economiste français*, 15 oct. 1892. — Perrier de la Bathie, *Traitement des résidus des moulins à or par le cyanure de potassium au Witwatersrand*, *Génie civil*, février 1895. — Garnier, *Théorie de la formation aurifère du Witwatersrand* (*Nature*, 17 octobre 1894).

lui-même un tout complet, au lieu de les éparpiller dans toutes les directions.

Les champs d'or du Witwatersrand, de Heidelberg et de Klerksdorp, que nous allons décrire, présentent ce caractère spécial qu'ils sont constitués, non de filons de quartz aurifère analogues à ceux de Californie et d'Australie, comme à Lydenburg, à Barberton, ou au Mashonaland, mais de poudingues, ou conglomérats aurifères (banket), présentant, tout au moins en ce qui concerne l'exploitation, un caractère nettement sédimentaire. Ils font, d'ailleurs, tous trois partie d'une seule et même formation géologique que nous aurions pu appeler d'un mot, si nous n'avions craint d'être mal compris, le synclinal du Witwatersrand, et cette formation, dont on peut hypothétiquement supposer le développement plus ou moins grand, n'a été jusqu'à présent constatée que dans les trois champs aurifères en question, de telle sorte que, en nous bornant à les étudier, nous aurons pourtant traité le sujet, au moins pour le moment, dans toute son étendue.

Dans ce travail, nous nous attacherons à suivre un ordre logique, c'est-à-dire que nous commencerons par décrire les gisements d'or, tels que la nature nous les livre, en examinant leur géologie ; après quoi, nous dirons quelques mots sommaires sur les progrès les plus récemment accomplis dans les procédés d'extraction et d'élaboration.

Sur ces diverses questions, nous nous proposons de donner à peu près exclusivement nos observations personnelles en ce qu'elles peuvent avoir de nouveau, laissant de côté, vu les dimensions forcément restreintes de ce mémoire, ce qui s'est trouvé déjà dit dans d'autres ouvrages (*).

(*) Nous aurons l'occasion très prochainement d'envisager le même sujet, d'une façon plus générale, sous une forme moins technique et avec les détails de toute nature qu'il comporte, dans un volume en cours d'impression chez Baudry et Cie.

Il va de soi, du reste, que, dans ce recueil, nous nous attacherons, autant que possible, à éviter tout ce qui pourrait sembler une appréciation financière sur la valeur ou l'avenir de telle mine en particulier ; néanmoins, la France a pris, depuis deux ou trois ans, un intérêt tellement considérable en ce pays, et les centaines de millions engagés dans ces mines d'or ont semblé, dans ces derniers temps, courir de telles aventures, qu'il sera peut-être utile de faire connaître sans réserves ce que nous croyons être la vérité, au moins sur l'allure géologique des gisements, en rectifiant à l'occasion quelques idées fausses assez répandues. Des événements tout récents et présents à tous les esprits, d'abord des excès de spéculation effrénés, puis une panique soudaine, à laquelle aucune déception dans le rendement des mines n'avait encore servi de prétexte, ont montré à l'évidence que, pour la plupart de ceux qui avaient pris un intérêt dans ces affaires, leurs actions représentaient un simple billet de loterie, et non une participation à une industrie très sérieuse, avec plus ou moins de risques prévus comme les chances de bénéfice ; il serait à souhaiter qu'on envisageât désormais ces questions d'une manière un peu plus rationnelle et moins nerveuse, surtout que l'on apprît un peu mieux à distinguer l'ivraie du bon grain, et les affaires ne reposant que sur une simple hypothèse de celles où la richesse du gîte a été plus ou moins complètement reconnue ; nous serions heureux si, dans la faible mesure de nos forces, nous avions pu y contribuer.

Première partie. — Géologie.

Dans ce chapitre, nous étudierons successivement : *A*. La *géologie générale de la région*, c'est-à-dire l'allure d'ensemble : 1° des couches anciennes aurifères ; 2° des dépôts charbonneux du Karoo; — *B*. Les *gisements d'or*, formés, comme on le sait, de conglomérats à galets quartzeux ou, plus rarement, de quartzites nettement interstratifiés, auxquels nous laisserons souvent le nom de *reefs*, sous lequel ils sont universellement connus, bien que ce nom, dans les autres pays, s'applique, en général, plutôt à un filon (*) ; — puis nous envisagerons plus spécialement : *C*. Les *minerais d'or*, examinés dans le détail de leur structure ; — *D*. La *teneur des minerais* et ses *variations ;* — enfin : *E*. L'*origine et le mode de formation des dépôts et des minerais.*

A. — Géologie générale de la région.

Nous ne reviendrons pas ici sur ce que nous avons dit autrefois de la géologie de l'Afrique du Sud; nous en rappellerons seulement le trait le plus essentiel, c'est-à-dire l'existence, au-dessus d'un soubassement de gneiss et de granite, de terrains anciens, siluriens, dévoniens et carbonifères, fortement plissés et érodés que surmontent, à leur tour, en stratification discordante, les grands plateaux horizontaux du Karoo, comprenant des couches sans fossiles marins de plusieurs milliers de pieds d'épaisseur, allant depuis le permien et peut-être même le carbonifère supérieur jusqu'à l'infralias.

C'est dans les terrains anciens plissés que se trouvent les conglomérats aurifères ; c'est dans les couches horizontales du Karoo qui les recouvrent, que se trouvent, à leur voisinage immédiat, les importants dépôts de houille à l'aide desquels on les exploite.

(*) Littéralement, récif.

1° **Granite, gneiss et série primaire aurifère.** — Nous commencerons par étudier cette série sur deux coupes nord-sud que nous avons pu relever nous-même aux environs de Johannesburg et que nous décrirons d'abord avec quelque minutie sans faire aucune hypothèse sur l'âge des terrains. Comme nous allons le voir, on trouve, du Nord au Sud : d'abord le granite et les gneiss, puis des quartzites avec schistes et grès fins ferrugineux, une nouvelle série de quartzites renfermant les diverses couches aurifères depuis le Main-Reef (couche principale) au Nord, jusqu'au Black reef (couche noire) au Sud, des calcaires dolomitiques et encore d'autres quartzites fins (série du Gatsrand) occupant le fond d'un synclinal ; après quoi, des couches semblables reparaissent de nouveau en ordre inverse. Cette description, qui semblera, sans doute, parfois assez aride, a pour but de nous permettre plus tard d'émettre et de discuter une hypothèse doublement intéressante par ses conséquences à la fois théoriques et pratiques : à savoir, la disposition des conglomérats où se rencontre l'or en forme de synclinal (ou fond de bateau), de direction générale N.-E. — S.-O., pouvant géologiquement se prolonger assez loin vers le Nord-Est comme vers le Sud-Ouest (Pl. II, *fig.* 2).

Ainsi que le montrent les figures 1 à 3, Pl. I, il suffit de s'éloigner à environ 2.500 mètres au nord de Johannesburg pour rencontrer une grande masse de *granite* et de *gneiss* de plusieurs kilomètres de large, qui s'étend à partir de là, avec une direction est-ouest, parallèlement à tous les plissements de la région ; cette roche apparaît là, par un fait que l'on a l'occasion d'observer un peu dans tous les pays et que nous avons étudié notamment en Bourbonnais, dans une voûte anticlinale des terrains anciens plissés.

Ce granite est malheureusement, comme cela arrive souvent pour les terrains anciens de cette région, masqué en grande partie par des limons superficiels, en sorte qu'on ne peut pas examiner son contact avec les couches sédimentaires, ce qui eût peut-être donné une indication intéressante sur son âge relatif par rapport à celles-ci. Il est absolument semblable au granite du Plateau central français ; on y trouve des veines de granulite : notamment, près d'Houten Estate, une granulite à grains fins, à micas verdis et pyrite de fer, accompagnée de quartz pyriteux, tout à fait analogue à celle qui se présente souvent dans les filons stannifères et qui, quelquefois aussi, accompagne l'or (*) ; il y existe également des dykes de roches vertes (6 et 7) (**) et d'importants filons de quartz, de direction grossièrement nord-sud, dont l'un suit longtemps à l'ouest l'ancienne route de Potchefstroom à Pretoria. Ce dernier jalonne une direction de faille ancienne ; car, près d'une ferme, à la limite nord de notre carte, un lambeau de schistes anciens reparaît à son contact.

Après avoir traversé du Nord au Sud le granite, qui occupe un grand plateau légèrement ondulé, allant en s'abaissant dans la direction du Nord, c'est-à-dire vers Pretoria, on se trouve en présence d'une longue crête très caractéristique, s'élevant brusquement d'une centaine de mètres, crête formée de quartzites à grain fin qui ont, vers le Sud, c'est-à-dire à partir du granite, un plongement d'environ 50° sur l'horizontale.

Ces *quartzites*, qui sont des roches dures, ayant résisté à l'érosion, tandis que le granite sous-jacent s'effritait, présentent parfois des formes découpées et des saillies

(*) Échantillon 1450, 3 de la collection des gîtes métallifères à l'École des Mines ; cf., par exemple, la bérézite de Bérézowsk dans l'Oural, 1675, 3. C'est aux échantillons de la même collection que se rapporteront tous les renvois notés ainsi (Éch. 1450,3), que nous aurons l'occasion de faire dans la suite.

(**) Ces chiffres reproduits sur la carte (Pl. I, *fig.* 2) correspondent à des échantillons de la collection 1450.

assez pittoresques, qui contrastent avec la monotonie des mamelons granitiques. En même temps, le régime des eaux change sensiblement : tandis que, dans les dépressions du granite, sortent de divers côtés, même à la fin de la saison sèche d'hiver, de petits ruisseaux donnant quelques prés marécageux et arrosant des dépôts d'humus qui pourront, un jour ou l'autre, être cultivés fructueusement, dès qu'on entre sur les quartzites, on trouve la sécheresse et l'aridité absolues : la pente des bancs étant, maintenant, jusqu'au fond du synclinal de Springs et Potchefstroom (Pl. II, *fig.* 1 et 2), dirigée vers le Sud, les bancs de grès, toujours plus ou moins fissurés et, par suite, perméables aux eaux, opèrent sur ce qui peut tomber de pluie un drainage ayant pour effet d'entraîner ces eaux souterrainement au loin vers le Vaal, en sorte qu'il n'existe plus aucune source (*). Au point de vue de l'exploitation des mines en profondeur, ce fait présente un certain intérêt.

La zone des quartzites en question peut avoir, normalement aux bancs, environ 500 mètres d'épaisseur (Pl. I, *fig.* 1 et 3) ; puis vient, sur les deux flancs d'une petite vallée, dominée au Sud par la colline de l'Hôpital (Hospital-Hill, haut de la ville de Johannesburg), une série très caractéristique et très importante de *schistes et grès fins ferrugineux*, tous très fortement chargés de magnétite et déviant l'aiguille aimantée, avec quelques intercalations de quartzites semblables aux précédents.

La coupe complète de ces terrains est la suivante de

(*) Les nombreuses *Fontein*, qui figurent dans tous les noms de fermes du Transvaal et qui, pour la plus grande incommodité du lecteur de cartes, sont généralement associées aux mêmes noms (Elandsf., Doornf., Modderf., Rietf., Randf., etc.), ne correspondent presque jamais à des sources, comme on pourrait le croire, mais à de simples retenues d'eau factices, analogues à celles que construisent aujourd'hui toutes les Sociétés minières.

bas en haut, c'est-à-dire du Nord au Sud :

(7 *bis*) Grès quartzites blancs à grains de quartz fins bien roulés (avec veines prolongées de quartz blanc laiteux) formant une crête escarpée précédemment décrite...........................	350 mètres.
(8) Schiste argileux brun rouge. (9) Schistes gréseux brun rouge ou parfois noirs à délits ferrugineux agissant fortement sur l'aiguille aimantée et contenant quelques veines de quartz blanc laiteux.	70 mètres.
(10) Grès quartzeux grossier à grains bien roulés et ciment siliceux faisant plus ou moins corps avec les éléments englobés.......................	60 mètres.
(11 et 12) Schistes ferrugineux rouge brique ou violacés en masses peu feuilletées. (13 et 14) Schistes gréseux, ferrugineux.	5 mètres.
(15) Grès argileux légèrement schisteux, brun violacé, très chargé de fer et très dense à cassures conchoïdales. (16) Grès schisteux brun violacé. (17 et 18) Grès très fin métamorphique brun rosé. (19) Grès criblé de petits octaèdres de magnétite gros comme une tête d'épingle. (20) Grès avec couches minces de magnétite et de quartz alternant. (22) Grès brun saupoudré de magnétite. (23 et 24) Grès fin et schisteux chargé de magnétite peu visible. (25) Grès à lits alternants blancs, rouges et noirs, de quartz et de magnétite, chacun de 4 à 5mm d'épaisseur, semblables à une roche brûlée.	Grès magnétiques d'Hospital. Hill 110 mètres.
(27 et 28) Ocre rouge ferrugineuse et passant au schiste. (29 et 30) Grès argileux rouge et brun rouge, à grain fin et schisteux.	200 mètres.
(32) Grès quartzites blancs identiques aux nos 7 *bis* et 10 formant une bande épaisse qui se prolonge sur environ 2 kilomètres à travers toute la ville de Johannesburg jusqu'à la série du Main Reef.....	

(*) Les chiffres placés entre parenthèses en tête des deux coupes suivantes correspondent, comme ceux des figures ci-jointes de la Pl. I, aux échantillons de la collection 1450 à l'École des Mines.

Nous donnons ci-joint, comme terme de comparaison, une autre coupe UV (*fig.* 2, Pl. I), prise plus à l'Est par la ferme de Doornfontein, à travers la vallée de Geldenhuis ; sur cette coupe, que nous avons pu prolonger plus loin que la première vers le Sud, on retrouve les mêmes éléments caractéristiques : d'abord, au Nord des quartzites blancs en contact avec le granite, puis une série schisteuse et ferrugineuse et, de nouveau, des quartzites, les épaisseurs ayant seulement assez fortement varié d'une coupe à l'autre par un phénomène que nous constaterons plus loin sur toute la longueur du Rand en étudiant spécialement la série du Main-Reef ; mais, sur cette coupe UV, on rencontre, en outre, au milieu des derniers quartzites et avant d'arriver au Main-Reef, une première zone de conglomérats légèrement aurifères (44 à 50), suivie par d'autres schistes ferrugineux qui, sur la première coupe, sont peut-être masqués par la ville actuelle de Johannesburg.

Cette coupe UV est la suivante du Nord au Sud, c'est-à-dire de bas en haut :

Quartzites blancs formant une crête accentuée au-dessus du plateau granitique et contenant de grosses veines de quartz blanc laiteux... environ	350 mètres.
Schistes rouges peu ferrugineux.................	90 »
(33 à 35) Grès magnétiques rubanés rouges, bruns, violacés et noirs d'Hospital-Hill plongeant à 50° vers le Sud..................................	100 »
Grès quartzites non ferrugineux plongeant à 60°..	220 »
Schistes plongeant à 70°.......................	60 »
Quartzites disparaissant bientôt sous les limons qui occupent le fond de la vallée de Geldenhuis et recoupés par un massif de diabase amygdaloïde (36 à 42) .... environ	1.200 »
Schistes .... vus sur	15 »
(44) Quartzites micacés avec cordons de galets de quartz....................................	80 »
(45) Schistes et grès schisteux maclifères à délits micacés....................................	10 »

(46 à 50) Quartzites, avec plusieurs bancs de poudingue à galets anguleux entourés de pyrites et contenant à la base des cordons de gros galets (traces d'or)........................	50 mètres.
Quartzites avec plusieurs cordons de galets quartzeux et un banc de 3 mètres où ces galets sont très rapprochés les uns des autres.................	80 »
Quartzites ou grès quartzeux avec quelques galets irrégulièrement disséminés..................	230 »
Grès magnétiques formant une zone très continue sur la crête de l'abattoir entre la vallée de Geldenhuis et le Main-Reef, depuis la batterie de Geldenhuis-Estate jusqu'à Commissioner-Street (Johannesburg).......................	60 »
Quartzites............................ 30 à	80 »
Schistes....................................	15 »
Quartzites..................................	55 »
Schistes................................ 10 à	40 »
Quartzites avec quelques galets épars de la grosseur d'un œuf d'oiseau et des veines transversales de quartz blanc laiteux............................	100 »
Quartzites formant le mur de la série du Main-Reef................................ 700 à	800 »
Série des conglomérats aurifères du Main-Reef (couche principale) exploitée pour or dans le Witwatersrand.	

Revenons maintenant sur quelques points de ces deux coupes pour montrer le rôle joué dans l'ensemble de la constitution du pays par les divers éléments géologiques que nous venons de rencontrer en recoupant cette première série de terrains inférieurs aux conglomérats aurifères du Main-Reef.

Le *granite* et le *gneiss*, d'abord, s'étendent très loin à l'Est et à l'Ouest à partir du point où nous venons de les trouver au nord de Johannesburg ; M. Draper les a signalés également à Vredefort et à Halfway-House ; vers l'Ouest, la carte géologique ci-jointe (Pl. II, *fig.* 2) représente, d'après l'ouvrage de M. Goldmann, un grand dyke de granite nord-sud qui, là, aurait rejeté la série des conglomérats et lui serait donc probablement postérieur (à moins qu'on n'y voie un massif surélevé et encadré de failles). Enfin, au Sud, de l'autre côté d'un grand synclinal de terrains anciens sur lequel sont concentrées jusqu'ici toutes les exploitations aurifères, on retrouve les mêmes roches cristallines à 20 kilomètres est de Heidelberg et, plus à l'Ouest, du côté du Vaal, au sud de Venteskrom.

Au-dessus de ce granite, nous retrouvons partout, comme dans les coupes précédentes, une série de *schistes argileux et grès à magnétite* (avec quartzites alternants), qui ne constitue peut-être pas un terrain géologiquement distinct des couches à conglomérats superposées en concordance, mais qu'il est important de mettre en lumière, non seulement pour son intérêt théorique, mais aussi pour sa valeur pratique éventuelle.

Cette série, nous venons d'en donner la coupe dans la colline d'Hospital-Hill, et nous avons insisté sur des lits rubanés à quartz rouge et fer magnétique (accompagnés, d'après M. Goldmann, de fer titané) que nous avons décrits plus haut sous le numéro 25 de la coupe de Johannesburg (Pl. I, *fig.* 3).

Ce lit, assez caractéristique pour avoir servi souvent, dans les premiers temps des exploitations aurifères, de jalon aux prospecteurs recherchant le Main-Reef toujours situé à son toit, a été suivi par M. Sawyer vers l'Ouest jusqu'à Krugersdorp, au-delà de Hartebeestefontein et jusqu'à Blanwbank, où il disparaît sous les couches du Black-Reef.

L'ensemble de la série schisteuse à laquelle il appartient et qui avait déjà été signalée par MM. Draper et Sawyer sous le nom de série des ardoises schisteuses (Clay slate series) (*) a été retrouvé par eux à Suikerbosch-River, où la vallée le coupe à angle droit, et au sud de Ousthorn,

(*) Voir *Société de géologie de l'Afrique du Sud*, 1er juin 1895.

où le terrain consiste, d'après eux, en ardoises noires et quartzites.

Enfin, à 20 kilomètres est d'Heidelberg, M. Draper a observé également, sous les conglomérats aurifères reconnus de ce côté, des bancs alternés de quartzites et d'ardoises parfois très ferrugineuses; il signale particulièrement la présence, en ce point, d'une couche formée de bandes minces de magnétite et de quartz saccharoïde identique à celle indiquée plus haut.

En résumé, nous voyons qu'il existe, dans toute la région du Witwatersrand, à la base de la série ancienne, entre le granite et les conglomérats aurifères, une série de schistes ferrugineux alternant avec des quartzites identiques à ceux qui accompagnent les conglomérats.

On a voulu suivre ces schistes et grès magnétiques beaucoup plus loin; M. Sawyer les a signalés au Mashonaland et M. Draper au Cap de Bonne-Espérance, où des lits de schistes argileux sont intercalés, comme dans le Witwatersrand, entre le granite et les quartzites et conglomérats anciens de Table-Mountain (*) analogues à ceux de Johannesburg; dans ce dernier cas, il peut y avoir quelques raisons stratigraphiques d'admettre la comparaison; mais, en général, il est prudent de se méfier de ces comparaisons à grande distance; car nous pourrions aussi bien signaler au Brésil, ou même en France, des roches identiques également surmontées de conglomérats.

Si l'on admettait l'identité entre les schistes ferrugineux d'Hospital-Hill avec conglomérats superposés et les terrains analogues de Table-Mountain au Cap, la conclusion serait intéressante; car, au-dessus de ceux-ci, repose immédiatement en concordance un des seuls niveaux fossilifères connus dans les couches anciennes de l'Afrique du Sud, le niveau des schistes micacés de Bokkeveld, avec fossiles

(*) Montagne de la Table.

du dévonien supérieur, *Homalonotus Herschelli*, *Spirifer antarcticus*, etc.: ce qui confirmerait l'âge dévonien, généralement attribué sans preuves aux conglomérats aurifères du Witwatersrand.

Peut-être, un jour, cette série à fer oxydé et magnétite aura-t-elle une importance d'un autre genre; car il nous paraît bien vraisemblable que ces oxydes de fer, si abondants aux affleurements, résultent d'une altération de pyrites de fer qui doivent former de grandes masses en profondeur; c'est là, pour nous, un chapeau de fer analogue à celui qui recouvre tous les grands gîtes de pyrite, par exemple ceux de la province d'Huelva en Espagne que nous avons décrits autrefois. Or, comme l'or est, dans le Witwatersrand, constamment associé à la pyrite de fer, il n'y aurait rien d'impossible à ce qu'en quelques points de ces couches on rencontrât de l'or exploitable : on aurait alors un gisement d'or analogue à ceux qui existent si fréquemment sous forme d'hématites aurifères au Brésil (*). Nous devons ajouter cependant, que deux essais faits par nous sur des échantillons de ces grès à magnétite ont donné seulement des traces d'or : ce qui, en un pays où il reste encore tant de gîtes reconnus à mettre en valeur, était peu encourageant.

Au-dessus de cette première série de terrains, nous rencontrons, en continuant la coupe des terrains vers le Sud, une importante masse de *grès et conglomérats aurifères*, qui peut avoir environ 7.500 mètres d'épaisseur, série qui, ainsi que tous les terrains primaires du Witwatersrand, n'a encore fourni aucune trace de fossile, en sorte que son âge reste indéterminé et n'est qu'hypo-

(*) On peut remarquer notamment la ressemblance de ces grès à magnétite avec les grès contenant des veines de pyrite aurifère interstratifiées dont l'Ecole des Mines possède quelques échantillons (1762, Mine de Rapazos au Brésil).

thétiquement rattaché au dévonien supérieur (old red sandstone). Ce sont ces couches sur lesquelles portent toutes les exploitations. Comme nous nous réservons de les décrire ultérieurement en détail, nous n'en donnerons ici qu'une idée succincte.

D'une façon générale, les terrains qui constituent cet étage sont presque exclusivement formés d'éléments quartzeux (quartz ou quartzites antérieurs) en fragments plus ou moins fins et plus ou moins arrondis, soudés par un ciment siliceux et parfois pyriteux et constituant, suivant la grosseur de ces éléments roulés, des quartzites fins ou grossiers et des conglomérats.

Dans ces conglomérats et ces quartzites, mais particulièrement dans les conglomérats, on trouve, à un grand nombre de niveaux, sur une épaisseur totale de plusieurs milliers de mètres, des traces d'or plus ou moins fortes, et quelques-uns des conglomérats donnent lieu aux mines importantes que nous voulons étudier plus tard.

La série des conglomérats comprend, du Nord au Sud, c'est-à-dire stratigraphiquement de bas en haut : le Rietfontein reef, ou du Preez's reef ; puis, la série du Main-Reef, formée du North reef rarement exploité, du Main-Reef, du Main-Reef leader (*) et du South reef; plus au Sud, l'Elsburg reef ou de Paaz reef, le Bird reef ou Monarch reef, inexploités, le Kimberley ou Battery reef donnant lieu à quelques travaux ; enfin, le Blackreef, dont les conditions de dépôt et le mode de formation sont tout différents (**).

(*) Un leader (littéralement conducteur, chef) est, dans une série de couches, ici dans le Main-Reef, une veine mince de minerai.

(**) On a donné à tous les tronçons de reefs, surtout dans les extrémités Est et Ouest du champ aurifère, où les assimilations sont plus difficiles, une série de noms distincts qu'il nous paraît sans intérêt de reproduire ici. Notons seulement que le Bothas reef de l'ouest paraît correspondre à la série du Main-Reef.

Les calcaires n'apparaissent pas dans cet étage et les schistes n'y jouent qu'un rôle tout à fait subordonné, presque insignifiant, bien qu'ils paraissent avoir parfois une certaine relation avec les gisements aurifères.

Le fait que le quartz se présente seul dans les galets et graviers de ces conglomérats et quarzites, soit sous forme de quartz proprement dit, soit à l'état de quartzite ayant déjà subi un premier dépôt sédimentaire suivi d'une destruction par érosion, prouve simplement que tous ces éléments roulés, résultat manifeste du remaniement de terrains préexistants, ont subi une action mécanique de trituration assez prolongée pour avoir détruit toutes les roches et tous les minéraux moins résistants que la silice ; car il est infiniment probable que, lorsque ces couches se sont déposées, les eaux (torrents ou courants marins), qui en ont charrié la substance, s'étaient trouvées en contact, non seulement avec des quartz, mais aussi avec des roches de toute espèce, telles que granites, gneiss, schistes anciens, calcaires, etc. ; mais on sait que, si l'on soumet à l'action des vagues ou d'une eau courante un mélange de roches diverses, si l'on observe, par exemple, une rivière sortant d'un massif montagneux et cristallin pour s'écouler en plaine, on voit, à mesure que l'on s'éloigne de ce massif, les galets des roches friables s'émietter et disparaître peu à peu, d'abord les schistes, puis les granites et granulites, ensuite certains porphyres ou basaltes plus durs, pour ne laisser en dernier lieu que du quartz. Nous connaissons, particulièrement dans les terrains primaires de France, nombre d'exemples de poudingues ainsi exclusivement quartzeux et, pour ne citer qu'un fait, choisi, au contraire, dans les terrains récents, il existe dans tout le Bourbonnais et la Nièvre, entre l'Allier et la Loire, une importante formation fluviatile d'âge pliocène occupant 25 à 30 kilomètres d'étendue, formation décrite par nous sous le nom de sables du Bourbonnais et composée exclusivement de galets ou sables quartzeux avec quelques lits d'argile, qui résulte certainement du transport de matériaux empruntés aux roches très diverses du Plateau Central, parmi lesquels le quartz seul a subsisté.

Les galets des conglomérats aurifères du Witwatersrand présentent les dime nsions les plus diverses depuis la grosseur d'un pois jusqu'à 10 centimètres et plus de diamètre. Ils sont formés de diverses espèces de quartz et de quartzite, parmi lesquelles on remarque spécialement des quartz blancs bleutés, vitreux ou hyalins, connus dans tous les pays pour être caractéristiques des terrains anciens où ils accompagnent fréquemment l'or et l'étain, puis des quartz noirs enfumés, parfois des grains de quartz bleu analogues à ceux que l'on observe dans les porphyroïdes des Ardennes, et des galets de quartzite noir mat, à grain très fin ; à cela se borne généralement la série aurifère du Main-Reef; dans certains conglomérats très épais et à galets très volumineux, qu'on trouve, soit au toit (reefs de la vallée de Geldenhuis mentionnés dans la précédente coupe, Elsburg reef, de Paaz reef, Kimberley et Battery reef au Sud), on trouve, en outre, des galets de quartzite blanc analogue à celui qui encaisse les conglomérats au toit et au mur, parfois aussi des galets de quartz rubané à raies noires ou bleu sombre souvent chargés de pyrite, qu'on observe particulièrement dans le reef de la vallée de Geldenhuis ou dans un reef des environs de Heidelberg nommé, à cause de cela, le reef aux galets rayés, Stripe pebbles reef.

Une particularité curieuse de ces galets est qu'ils présentent souvent — et cela à toutes les profondeurs dans les mines — des angles vifs ou à peine émoussés : ce qui paraît, tout d'abord, peu compatible avec l'idée d'une trituration prolongée, supposée par nous en raison de leur nature exclusivement quartzeuse (*); mais ce fait, qui est loin d'être exceptionnel dans les poudingues anciens connus en d'autres pays, peut, sans doute, s'expliquer en supposant que certains gros galets se seront brisés à la place où l'on retrouve aujourd'hui leurs fragments anguleux, qui se seront aussitôt déposés après avoir été à peine roulés; il est à noter que certains de ces galets polyédriques semblent parfois s'enchâsser les uns dans les autres, comme s'ils avaient été seulement éclatés, peut-être après le dépôt, et presque aussitôt recimentés par de la silice pénétrant dans ces fissures (voir notamment figure 1 et Pl. II, *fig.* 4).

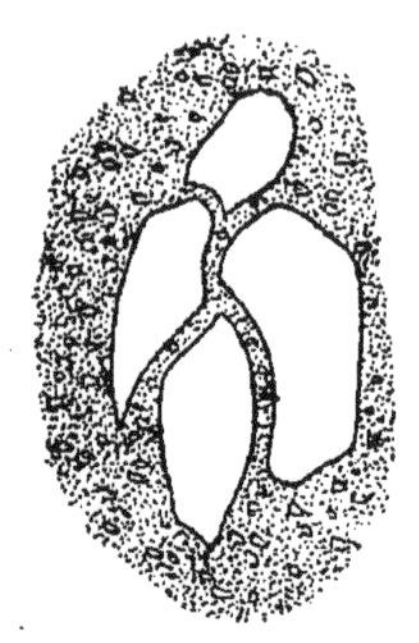

Fig. 1.
Exemple de galets semblant s'enchâsser les uns dans les autres à la Robinson (demi-grandeur naturelle).

Nous signalerons également la présence fréquente de galets aplatis présentant alors, non plus une forme grossièrement sphérique, mais une disposition nettement ellipsoïdale, galets qu'on trouve parfois entassés dans certaines couches, en particulier dans le South-Reef, parallèlement à la stratification générale. Cet aplatissement semble, il est vrai, avoir été quelquefois accentué par une sorte de laminage des couches en relation avec des accidents mécaniques postérieurs au dépôt, dont nous retrouverons ailleurs bien d'autres traces; les quartz sont alors intérieurement craquelés et brisés; mais, le plus souvent, il s'agit bien de galets plats comme on n'en trouve guère que dans les formations marines, où cet aplatissement résulte,

(*) Des expériences de M. Daubrée (*Comptes Rendus*, XLIV, p. 997) montrent qu'après un parcours total de 25 kilomètres accompli dans un cylindre tournant au milieu de l'eau, des matériaux anguleux sont transformés en galets pareils à ceux de nos côtes.

on le sait, de ce que le mouvement imprimé par la lame est plutôt oscillatoire que rotatoire (*).

Si nous ajoutons à ces remarques diverses ce fait très curieux que la série des couches de conglomérats se poursuit sur de grandes étendues (malgré des modifications de détail sur lesquelles nous reviendrons et qui sont continuelles) avec une constance générale bien extraordinaire, et, de plus, que certaines couches particulièrement caractéristiques (comme le Kimberley-Reef, le Bird Reef ou même le South Reef) peuvent même être suivies, sans faire une part trop large à l'hypothèse dans les assimilations, d'un bout à l'autre du Rand, nous arrivons à cette idée, qui résulte pour nous de tous les faits observés, et que nous avons été heureux de voir partagée par MM. Draper, Goldmann, etc., que ces quartzites et conglomérats constituent — ceci tout à fait indépendamment de leur ciment aurifère qui peut être local — une formation de grande extension et probablement marine, ayant dû se déposer d'abord à peu près horizontalement et subir un plissement postérieur, formation dont les couches aurifères du Witwatersrand, avec leurs plongements bien connus, représentent simplement un synclinal. C'est là un point sur lequel nous allons revenir bientôt.

Nous ajouterons seulement un mot sur l'allure d'ensemble des conglomérats dans le Witwatersrand.

On a fait à ces conglomérats une réputation de régularité qui peut, sauf des restrictions que nous développerons ultérieurement, être justifiée dans une certaine mesure par le rendement industriel, mais qui, envisagée à la lettre, est de nature à donner les idées les plus inexactes sur la disposition géologique des dépôts.

Si l'on examine, en effet, soit une galerie de mine quelconque dans le Rand, soit un de ces plans d'essais où

(*) De Lapparent, *Géologie*, 3e édit., p. 237.

l'on reporte de 10 mètres en 10 mètres, sur le tracé des galeries, l'épaisseur et la teneur des minerais, surtout si l'on transforme les chiffres du plan d'essai (comme nous l'avons fait, Pl. VI, *fig.* 1 et 2) en un tracé graphique, on constate immédiatement que ces reefs, réputés réguliers, changent incessamment de dimensions comme de teneur, et cela dans les proportions les plus fortes, passant, sur une longueur de 20 mètres, de quelques centimètres de large à plusieurs mètres. Cette irrégularité, dont nous donnons ici un exemple pris tout à fait au hasard dans une des mines les plus justement réputées du Rand, n'est pas une exception, mais, au contraire, la règle absolument générale (*). Le contraire serait, d'ailleurs, fort étonnant et presque sans exemple dans une formation géologique, probablement littorale (**) comme celle de nos quartzites et conglomérats.

En dehors de ces variations d'épaisseur d'un banc, de ces rétrécissements et élargissements, on constate également, toutes les fois qu'on se donne la peine de faire des observations un peu soignées, des bifurcations, des dédoublements locaux de reefs en deux veines qui vont se réunir un peu plus loin, des apparitions de bancs gréseux

---

(*) Les figures 1 et 2, Pl. VI, représentent des portions correspondantes du Main Reef Leader et du South Reef dans la même partie de la mine. Trois courbes figurent: l'une, les variations de l'épaisseur en chaque point; l'autre, celles de la teneur en or, d'après les essais du laboratoire; la troisième, les variations de la richesse, c'est-à-dire du produit de l'épaisseur par la teneur, les variations de ces deux éléments ne se compensant nullement, comme on l'a parfois affirmé d'après quelques observations trop sommaires.

La communication des plans d'essai étant toujours d'une nature un peu confidentielle, nous ne nous croyons pas autorisé à donner ici le nom de cette mine ; mais nous ne pensons pas que la valeur de cette observation géologique en puisse être diminuée.

(**) Il y a, dans l'existence de couches de conglomérats s'étendant sur des kilomètres de large, un fait qui est loin d'être spécial au Transvaal, mais qui partout est fort difficile à concilier avec le peu de largeur des formations actuelles de galets sur nos plages.

au milieu de conglomérats, ou, réciproquement, des transformations progressives d'un grès en un conglomérat, etc. Généralement ces particularités passent inaperçues, les ingénieurs anglais, peu soucieux de tout ce qui n'est pas le côté commercial de leur entreprise, ayant l'habitude de confondre sous le nom de reef toute l'épaisseur des conglomérats prise dans les travaux, qu'il y ait ou non des bancs de grès dans l'intervalle; mais, dans une mine où le directeur est un Français passé par l'Amérique, à la Simmer and Jack, on s'est donné la peine de relever ces détails, et il en est résulté les coupes très intéressantes que nous reproduisons (Pl. V, *fig.* 1 à 5).

Étant donné ces variations sur lesquelles nous venons d'insister, on peut se demander s'il n'y a pas quelque excès d'imagination à prétendre suivre, comme nous essayerons de le faire bientôt, la série du Main-Reef ou tel autre banc de conglomérat sur plus de 35 kilomètres de long d'un bout à l'autre du Rand. La première impression, en effet, en visitant les mines de la région, est qu'il est bien difficile, sinon impossible, de distinguer un reef de l'autre et, par suite, que l'assimilation de deux tronçons de reefs distincts, surtout lorsqu'ils sont séparés par une faille (qui met parfois dans le prolongement l'un de l'autre deux reefs différents), est bien hypothétique, peut-être même fondée uniquement sur le désir de donner au reef qu'on exploite un nom bien sonnant et favorablement connu ailleurs.

Un reef, ou banc de conglomérat aurifère du Witwatersrand ne constitue pas, en effet, comme on a trop de tendance à le croire en Europe, un individu absolument déterminé, constant dans son allure et immédiatement caractérisé, partout où on le rencontre, par un signe distinctif. Il est même bien souvent très délicat de distinguer ce qui est minerai du stérile, à plus forte raison un minerai d'un autre. La similitude absolue des bancs de quartzites qui forment les épontes des divers conglomérats au toit, comme au mur, est une raison de plus d'hésiter dans ces rapprochements. Pourtant, à la longue, cette impression disparait plutôt qu'elle ne s'accentue et l'on finit par concevoir de chaque reef une certaine idée générale assez bien définie pour pouvoir les distinguer, sans trop d'erreur, l'un de l'autre, non pas sur un échantillon isolé, ni parfois sur un front de taille unique, mais au moins sur une certaine longueur de galeries. Nous avons été frappé à diverses reprises de constater par nous-même qu'en des mines très éloignées les unes des autres on retrouvait certains caractères constants dans quelques reefs comme le South-Reef (formé de veines minces à galets aplatis), le Main-Reef Leader (généralement superposé à un lit argileux avec veine de quartz), le Main-Reef (composé, en moyenne, de 1 ou 2 mètres de conglomérat à galets arrondis, gros comme des noix), surtout le Bird-Reef (avec ses petits galets comme des œufs d'oiseau), le Kimberley-Reef (avec ses galets énormes dont beaucoup de quartzites), et, enfin, le Black-Reef (avec ses masses de pyrite, ses très fortes teneurs très irrégulières), etc., et que les reefs, ainsi dénommés *a priori* d'après leur aspect, se retrouvaient toujours dans la même position stratigraphique relative, parfois même se raccordaient directement d'un point à l'autre. Nous sommes dès lors disposé à croire que, s'il y a discontinuité, disposition lenticulaire dans telle ou telle veine prise isolément, le faisceau de ces veines n'en présente pas moins une certaine continuité d'un bout à l'autre des exploitations aurifères (*), et c'est dans cet ordre

(*) Nous aurons l'occasion de redire que, de cette opinion purement géologique, nous ne tirons aucune conséquence industrielle ; car il nous semble qu'on a singulièrement exagéré l'importance que peut avoir pour une mine tel ou tel nom donné au reef qu'elle exploite. En pareille matière, il n'y a qu'une chose qui compte, c'est l'essai de ce reef, essai pratique et suffisamment prolongé.

d'idées que nous aborderons bientôt notre description, sans dissimuler, comme de juste, les difficultés d'assimilations auxquelles nous nous heurterons fréquemment, et qui se présentent notamment, comme l'a fait remarquer M. Goldmann (*), dans le raccordement des reefs du Champ d'or (Botha's Reef) à l'Ouest, ou de ceux de Modderfontein et Van Ryn à l'Est avec ceux de la partie centrale (**).

Ce faisceau de veines de conglomérats aurifères, auquel nous attribuons ainsi une assez longue persistance, est dirigé, dans l'ensemble, Est-Ouest avec plongement Sud ; nous remarquerons de suite qu'il paraît présenter dans l'Ouest un resserrement prononcé correspondant peut-être à une partie du bassin marin où les mouvements du sol ont été moins accentués et la sédimentation moins active : de ce côté (vers le Champ d'Or, etc.), les bancs se rapprochent les uns des autres et se réduisent en nombre, sans que ce phénomène paraisse résulter d'une action mécanique postérieure (les couches présentent notamment des plateurs qui prouvent un déplacement peu considérable depuis leur dépôt) ; à partir de là, vers l'Est, ils vont, au contraire, dans leur ensemble, en s'écartant progressivement les uns des autres et, en même temps, se ramifient, se divisent, se multiplient par l'apparition de bancs nouveaux intermédiaires, qui prennent peu à peu de l'importance : il en résulte une sorte d'étalement en plan horizontal jusqu'à la mine de Modderfontein, qui représente actuellement l'extrémité est de la zone exploitée.

(*) *Loc. cit.*, I, xxv.

(**) Dans ces essais d'assimilation, il est un point qui complique le travail pour quiconque n'a pas pris la peine d'observer ces faits par lui-même dans chaque mine, c'est l'habitude instinctive et très naturelle qu'ont tous les directeurs de grossir leur filon et de simplifier leur coupe en englobant dans un banc de conglomérat, sans les mentionner, toutes les veines de grès intermédiaires, en sorte que, pour une étude géologique, il est impossible de se fier complètement à des affirmations de ce genre.

En outre, on voit apparaître, dans tout l'Est, à partir de la Witwatersrand gold mine, sur l'East Rand, à Van Ryn, Modderfontein, etc., un banc de schistes de plus en plus épais, qui s'intercale dans la série des reefs au mur d'un des principaux, comme on le constate également au Sud du côté du Nigel, tandis que, dans l'Ouest, ce banc de schistes était tout au plus annoncé (et encore cette idée nous paraît-elle fort problématique) par un simple délit argiloschisteux, qui ressemble plutôt à une salbande due à quelque phénomène de glissement des bancs les uns sur les autres (*).

Si nous retournons maintenant vers l'Ouest, nous y voyons quelques-uns des reefs, comme le Bird-Reef, prendre, par une inflexion brusque, une direction N.-S. que l'on retrouve également dans le reef de Randfontein, et que l'on a supposée, par une hypothèse assez vraisemblable, exister pour toute la série (Pl. II, *fig.* 2). De ce côté, d'ailleurs, la pente des couches étant généralement très faible, très rapprochée de l'horizontale, il en résulte dans les affleurements une complication qui, jusqu'ici, n'a pas été démêlée.

Mais cette direction Nord-Sud ne constitue là qu'un accident local d'environ 7 kilomètres de long, au Sud duquel les bancs doivent, d'après quelques indices, repartir avec une direction Est-Ouest, jusqu'à un dyke de granite, le long duquel s'est produit un accident qui les rejette vers le Nord. Il y a là toute une grande région encore mal explorée, où la présence des reefs, en un point ou en l'autre (visibles ou masqués par des couches postérieures), peut être considérée comme probable, et l'on arrive, après avoir franchi une lacune de 50 à 60 kilomètres, au district de Buffelsdoorn et Klerksdorp, où l'on retrouve

(*) A moins qu'il ne faille le raccorder avec la série schisteuse située assez loin au mur du Main-Reef à Hospital-Hill; il y a là des questions stratigraphiques qui ne sont pas encore élucidées.

des exploitations sur une série de quartzites et conglomérats dirigés Nord-Est — Sud-Ouest avec plongement vers l'Est.

Dans toute cette région de Modderfontein à Buffelsdoorn, que nous venons de parcourir rapidement, les conglomérats plongent vers le Sud ou le Sud-Est, avec des pentes extrêmement variables, qui, on peut le dire sans exagération, vont de l'horizontale à la verticale, et cela à diverses reprises, ainsi que le montre un schéma ci-joint (Pl. III, *fig.* 1). Cette carte, qui représente le South-Reef, supposé mis à découvert, par courbes de niveau distantes de 50 en 50 mètres et hachures d'autant plus serrées que la pente est plus forte suivant le principe des cartes géographiques, met en évidence, à l'affleurement, quelques zones tout particulièrement redressées comme à Robinson, à Henry Nourse, à New Chimes et Van Ryn, d'autres où l'on a de véritables plateaux (difficiles à figurer à cette échelle réduite) avec faibles ondulations en forme de vagues, comme à Durban Roodeport, à Simmer and Jack et à Modderfontein; on y voit également ressortir ce fait, général dans le Rand, que la pente se rapproche de l'horizontale dans chaque section tranversale à mesure qu'on s'enfonce (*) ; enfin une courbe, qui représente, sous une forme graphique, les teneurs moyennes obtenues à la fin de 1895 dans le rendement industriel de chaque mine, dessine un certain nombre de zones riches avec appauvrissement progressif sur les bords, et des zones pauvres intermédiaires (*fig.* 2). Il semblerait parfois exister, comme le montre la superposition de ces deux figures, une certaine relation entre la richesse des bancs et leur inclinaison, sans que le fait soit pourtant assez net pour en tirer des conclusions géologiques. Nous croyons, malgré tout, comme nous le dirons, que la pente actuelle est posté-

(*) Comparer la série des coupes des Pl. III et IV.

rieure au dépôt de l'or ; mais il peut se faire que ses variations correspondent à quelque phénomène déjà esquissé précédemment.

Au Sud-Est, d'autres exploitations, vers Nigel et Heidelberg, portent sur d'autres couches de quartzite et de conglomérat formant — sans qu'il soit possible encore d'établir une assimilation précise de banc à banc — la réapparition probable des mêmes couches sur l'autre flanc d'une dépression synclinale. C'est cette disposition d'ensemble, dont nous n'avons pas besoin de faire ressortir l'importance pour l'avenir industriel du district, qu'il nous reste à examiner.

On a souvent décrit les formations aurifères du Witwatersrand, comme remplissant un lac ancien de dimensions restreintes, dont on a même été jusqu'à dessiner les bords, à peu près suivant les affleurements actuels, de Klerksdorp à Johannesburg et Heidelberg ; on a parlé, à cette occasion, de phénomènes de deltas torrentiels ; notre opinion, comme nous avons déjà eu l'occasion de le dire, est toute différente et, pour nous, il n'y a là aucun des caractères de dépôts lacustres, que nous avons eu l'occasion d'étudier longuement sur les lacs houillers ou tertiaires du Plateau Central français, mais, au contraire, un tronçon d'une grande formation marine, dont les conglomérats et sables grossiers représentent un facies probablement littoral, d'une extension ici très considérable.

En laissant de côté l'imprégnation aurifère, qui n'est pas nécessairement liée à toute la formation géologique de conglomérats dans laquelle on la rencontre, et qui doit même être certainement beaucoup plus restreinte qu'elle, nous considérons la série des quartzites et conglomérats du Witwatersrand, que nous sommes en train d'étudier, comme formant un grand pli synclinal, de direction Nord-Est — Sud-Ouest, entre les deux lignes d'affleurement mentionnées plus haut, l'une de Modderfontein à Buffelsdoorn, l'autre de Nigel à Heidelberg, synclinal qui présente, comme tous les plis du même genre, des inflexions, élargissements ou étirements plus ou moins complexes, mais a bien des chances pour se prolonger, soit à l'Est, soit à l'Ouest, bien au delà de la zone sur laquelle l'attention a été attirée jusqu'ici (*). Nous ajouterons, d'ailleurs, aussitôt, que de semblables dépressions synclinales offrent souvent, par un phénomène bien connu et récemment mis en lumière par M. Marcel Bertrand, des plis transverses à peu près orthogonaux, qui peuvent avoir pour effet de ramener au jour, sur quelque crête anticlinale perpendiculaire à l'axe général de la cuvette, telle ou telle couche de la formation. S'il existait réellement, de Modderfontein à Heidelberg par Geduld, un affleurement du reef nord sud, comme celui que la plupart des cartes portent en pointillé d'une façon théorique, ce serait par un accident de ce genre qu'il faudrait l'expliquer, et cela n'empêcherait nullement le synclinal avec ses reefs de pouvoir se prolonger au delà. Mais nous croyons que la ligne de jonction en question, tracée dans un pays très couvert de limon ou de dépôt du Karoo, est jusqu'ici tout à fait hypothétique.

Pour préciser, si nous nous reportons à la petite carte géologique ci-jointe (Pl. II, *fig.* 2), tracée en partie d'après une carte toute récente de MM. Draper et Wilson Moore (**), nous y trouvons, croyons-nous, une confirmation des idées précédentes.

Sur cette carte, on voit d'abord au Nord, le massif de granite et gneiss étudié précédemment au nord de Johannesburg, massif qui paraît tenir la place d'un anti-

(*) La vérification précise de cette hypothèse aurait demandé une exploration longue et minutieuse du terrain que nous n'avions pas le temps de faire; mais tout ce que nous avons pu voir la rend très vraisemblable.

(**) Nous avons complété cette carte, notamment par le tracé des reefs aurifères qu'on s'étonne de ne pas y voir.

clinal ancien, bien caractérisé dans son prolongement au sud-ouest.

Puis, vient une première longue zone Est-Ouest de la série des conglomérats, zone où les couches aurifères dessinent des sinuosités que nous avons essayé de mettre en évidence et qui, si la carte n'était une simple esquisse encore très imparfaite, se répercuteraient sans doute dans les contours extérieurs de l'étage. Vers l'Ouest, par exemple, l'inflexion brusque des reefs de Luipardsvlei à Randfontein et Middelvlei, à la suite de laquelle ceux-ci paraissent reprendre leur direction primitive, pourrait bien correspondre à quelque accident N.-E — S.-O, marqué un peu plus au nord par le contact anormal du granite avec la dolomie sans intercalation de conglomérats du côté du Limpopo.

Il est difficile d'affirmer si le granite est antérieur ou postérieur à la série des conglomérats; cependant le métamorphisme extrême de tous les terrains du Witwatersrand (schistes, grès, etc.) pourrait tendre à faire supposer le granite postérieur. C'est également ce qui résulterait de la carte de M. Draper, pour le dyke granitique, le long duquel, de l'Est à l'Ouest, il a dessiné un rejet de tous les terrains.

Après ce rejet, la série des conglomérats (que nous envisageons en ce moment dans son ensemble, sans nous préoccuper d'y rechercher les couches aurifères) reprend avec une direction N.-E. — S.O, formant une crête anticlinale bien nette jusqu'à Buffelsdoorn et Klerksdorp et se continue plus loin encore à l'ouest du Vaal dans la direction de Kimberley.

Le pendant géologique de cette zone des conglomérats se retrouve au sud du synclinal, avec une direction également N.-E. — S.-O., mais plus rapprochée de la ligne Nord-Sud de Nigel à Heidelberg, puis vers le confluent de la Klip River avec le Vaal (Vereeniging), sur la ligne de chemin de fer de Johannesburg à Capetown et, plus loin encore, le long de la vallée du Vaal, au sud de laquelle on retrouve ces quartzites adossés à un granite.

Quand on examine sur la carte la disposition d'ensemble de ce synclinal, on voit que, dans l'Est, les deux branches ont l'air de se rapprocher l'une de l'autre, les dépôts de terrains supérieurs (dolomie et série de Magaliesberg) disparaissant entre elles. Il est possible, comme nous le disions plus haut, qu'il y ait, en effet, de ce côté un surélèvement transversal qui amène la fermeture des courbes de niveau représentées par les affleurements des couches de conglomérats et, par suite, leur interruption momentanée; mais il est fort possible aussi que ce rapprochement ne soit qu'une apparence due à la disparition par érosion des terrains supérieurs; en tout cas, la direction des reefs aux extrémités semble bien prouver que leur raccordement ne peut se faire aussi vite qu'on le suppose généralement, c'est-à-dire directement de Modderfontein au Nigel et, quand même la courbe se fermerait, nous venons de faire remarquer qu'elle aurait des chances pour se rouvrir un peu plus loin sur le prolongement du même synclinal.

A travers cette série de conglomérats, dont nous venons d'indiquer l'allure générale et que nous étudierons ultérieurement en détail, on peut établir la coupe suivante (de bas en haut), coupe très théorique, puisque, comme nous l'avons déjà dit, il existe des variations constantes d'un point à l'autre dans l'épaisseur, le nombre et les intervalles des bancs, mais qui donnera néanmoins une certaine idée de leur disposition réciproque :

Granite.	
Quartzites blancs	350 mètres.
Grès et schistes ferrugineux (détaillés dans la coupe VU par la ferme de Doornfontein)....	470 »
Quartzites au mur du reef de Rietfontein ou de Geldenhuis valley.................. environ	1.200 mètres.

Série	Couches	Épaisseur
Série des Reefs de Rietfontein	*North reef*, peu exploité.......	$0^{m},15$ à $0^{m},30$
	Quartzites	15 mètres.
	Quartzites contenant deux veines de galets exploitées (*middle reef* et *middle reef leader*)	$1^{m},30$
	Quartzite	15 à 20 mètres.
	Stable reef: conglomérat à petits galets	$1^{m},50$
	Quartzites	250 mètres.
	Grès magnétiques, quartzites et schistes de la colline de l'Abattoir.....................	220 »
	Quartzites avec bancs minces de conglomérat.	100 »
	Quartzites formant le mur de la série du Main-Reef	700 à 800 mètres.
Série du Main-Reef	*North-Reef* presque toujours inexploité..................	$0^{m},20$ à 1 mètre.
	Quartzite stérile..............	15 à 20 mètres.
	Main-Reef, gros banc de conglomérats (teneur moyenne 10 à 15 grammes d'or	$1^{m},50$ à 8 mètres.
	Quartzite stérile, se réduisant parfois à zéro sur la Crown Reef, la Bonanza, la Jubilee, la Village Main-Reef, la City and Suburban, atteignant 2 à 3 mètres à la Robinson, allant à 20 mètres sur la Wemmer, la Salisbury................	0 à 20 mètres.
	Au mur du Main-Reef Leader, salbande argileuse fréquente avec veines de quartz.......	0 à $0^{m},10$
	Main-Reef Leader. — Conglomérat (teneur moyenne 10 à 35 gr.); la teneur maxima est souvent au toit de ce Leader.	$0^{m},30$ à 1 mètre.
	Quartzite stérile avec un *middle reef* inexploité............	30 mètres.
	South-Reef. — Quartzite contenant plusieurs veines de conglomérat, généralement minces ($0^{m},02$ à $0^{m},10$) et à galets aplatis, avec des intervalles de grès qui peuvent se	

réduire à zéro. La partie la plus riche est souvent à la base où l'on constate parfois (Crown Reef, etc.) une veine de quartz blanc de sécrétion. Ce reef est le plus riche de tous dans le centre du Rand (teneur moyenne 15 à 40 gr.)	$1^{m},30$
Quartzites	4 à 500 mètres
Bird-Reef	4 à 6 »
Quartzites	4 à 500 »
Kimberley-Reef	10 à 20 »
Quartzites	1.200 »
Elsburg-Reef	20 »
Quartzites	2.500 »
Diabases amygdaloïdes du Klipriversberg	1.200 »
Black-Reef	5 à 6 »
Quartzites	60 »
Calcaires dolomitiques	1.500 »
Série du Gatsrand et de Magaliesberg (quartzites).	

Dans la série du Main-Reef, qui est la principale exploitée, on peut admettre, comme moyenne, que l'épaisseur totale des reefs abattus communément par une mine quelconque, qu'il s'agisse d'un ou de deux reefs, oscille autour de 2 mètres.

Cette série est généralement encastrée entre deux bancs durs, faisant saillie à la surface, où ils ont servi d'indice pour suivre les affleurements et qu'on nomme les red bars.

Nous venons d'insister sur l'étage des conglomérats aurifères ; on trouve immédiatement au-dessus de lui (et, d'après M. Draper, en discordance) des *dolomies*, avec intrusion locale, au sud de Johannesburg, de diabases amygdaloïdes à peu près au contact des quartzites et de ces dolomies ; ces calcaires dolomitiques (*) (ou une formation

(*) MM. Hatch et Chalmers mettent ces calcaires au-dessous des conglomérats, ce qui nous paraît contraire à toutes les observations.

analogue) couvrent, dans l'Afrique australe, de grandes étendues, et l'on a voulu en conclure, d'une façon un peu romanesque, que les conglomérats, avec leur richesse en or, devaient se prolonger partout au dessous. Nous dirons d'abord quelques mots des diabases amygdaloïdes du Klipriversberg, et passerons ensuite aux dolomies qui présentent un grand intérêt géologique.

Entre Johannesburg et les affleurements du Blackreef, il existe, au Klipriversberg (Pl. II, *fig.* 2) un long massif de *diabase amygdaloïde* ayant à peu près 1.200 mètres de large sur 30 kilomètres de long, et situé généralement au toit de la série des quartzites, presqu'à leur contact avec les calcaires dolomitiques.

Cette diabase paraît avoir cristallisé au-dessus des quartzites à l'époque du grand changement de régime qui a été marqué par l'arrêt de la sédimentation quartzeuse, avant le début des formations calcaires. Il est certain que le conglomérat pyriteux du Blackreef et les couches horizontales de quartzite qui le surmontent se sont déposés sur cette diabase postérieurement à son épanchement, et que celle-ci n'a pas, au contraire, fait intrusion après coup entre le Blackreef et les terrains sous-jacents; la meilleure preuve en est que le Blackreef qui, ainsi que nous l'avons déjà dit, constitue un gisement d'une nature toute spéciale et tenant beaucoup plus de la brèche que du conglomérat, renferme fréquemment des fragments de la diabase sous-jacente. Ce Blackreef s'est déposé, par exemple à la mine d'Orion, dans les dépressions, les sillons de la diabase, qui semble avoir subi, dans l'intervalle, des actions mécaniques, et il a été, au contraire, recouvert par des couches très régulières et presque horizontales, qui forment, par suite, un angle accentué avec celles du mur.

Les *dolomies*, généralement noirâtres et souvent pénétrées de veinules siliceuses, peut-être en relation avec des dykes de diabase ophitique passant à la porphyrite qui les traversent, forment, au centre du synclinal du Witwatersrand, deux longues zones E.-O., dont la plus septentrionale apparaît vers la mine d'Orion, au-dessus du Blackreef exploité en ce point.

A l'Orion, la coupe (sur laquelle nous reviendrons) comprend, du toit au mur : des quartzites; une intrusion de roche éruptive, sur laquelle repose le reef à peu près horizontal; de nouveau, des quartzites et, un peu plus loin, au sud, des dolomies en stratification discordante sur les quartzites, dolomies à travers lesquelles se font actuellement des sondages qui vont rechercher le prolongement du reef.

Des calcaires dolomitiques identiques ont été retrouvés en plusieurs autres points dans la même position, sur le Blackreef, notamment à la mine Eastleigh, au sud-ouest de Buffelsdoorn, qui travaille le Blackreef sous ces calcaires; on en rencontre de semblables aux sources de la rivière Wonderfontein, où ils sont recouverts par des terrains que nous décrirons plus loin sous le nom de couches du Gatsrand; à Vereeniging, sur la ligne de Johannesburg à Capetown, des bancs analogues contenant, d'après M. Draper, des fossiles carbonifères, ont été traversés par un sondage; un sondage analogue tenté à Wettdrift (Vaal-River) a retrouvé le Blackreef à 7 mètres sous les dolomies ; enfin, dans tout l'ouest du Rand, un long anticlinal de quartzites, mentionné plus haut par nous, est recouvert, sur ses deux flancs, par ces dolomies.

M. Draper a attiré l'attention sur les points suivants : à Krondraai, une série de veines de quartzites et d'ardoises aurifères, assimilée par lui au Blackreef (bien qu'ici le conglomérat manque), est recouverte par les dolomies ; de même à Malmani (Kaffirkraal) le calcaire superposé aux quartzites contient de nombreuses veinules de quartz aurifère bien nettes avec galène, cinabre et blende. Ce calcaire, qui est horizontal, contient, dans sa partie supérieure, de la trémolite.

Ces veines aurifères dans le calcaire sont intéressantes à signaler ; il est possible qu'elles représentent seulement une sécrétion secondaire des minerais sous-jacents, produites par la circulation des eaux superficielles, toujours active dans les fissures du calcaire; cependant il est curieux d'y voir apparaître le mercure et le zinc, dont on ne constate généralement même pas de traces dans les minerais du Rand, en sorte qu'on pourrait être tenté d'y voir un phénomène filonien indépendant. En tous cas, il paraît y avoir une grande analogie entre ce genre de veinules aurifères restreintes et les nouveaux champs d'or de la région de Kimberley (Herbert Goldfields, etc.), également formés de courtes veines dans le calcaire, sur lesquels on a, cette année même, très vivement appelé l'attention.

Nous citerons encore, d'après M. Draper, une coupe de ces dolomies prise sur le Klipriversberg.

Si l'on fait une coupe du Klipriversberg, en venant du sud, de Eagle Hill, on trouve, d'abord, au Sud, les dolomies accompagnées de leurs lits caractéristiques de silice plongeant sous un angle de 10° environ; au dessous se présente, près de la rivière Klip, la série du Blackreef accompagnée de quartzites (Vesta gold mining) plongeant au Sud sous un angle analogue; après quoi, l'on a la diabase amygdaloïde au Klipriversberg et les conglomérats sans aucun banc nouveau de calcaire jusqu'au granite.

Pour achever de caractériser ces dolomies, nous ajouterons seulement que, comme beaucoup d'autres roches du même genre, elles ont donné lieu, par la circulation des eaux, à un grand nombre de grottes, parfois à des pertes de rivière, visibles notamment sur les bords du Vaal ou dans la vallée de la Mooi, du côté de Potchefstroom.

Au sujet de leur âge absolu, on ne possède que de très faibles indices : les fossiles carbonifères trouvés à Vereeniging, des fossiles du même âge (Brachiopodes et Térébratules) rencontrés par M. Sawyer aux montagnes du Zwartberg avec des veinules de charbon, enfin une assimilation hypothétique avec les terrains de la Table-Mountain, au Cap de Bonne-Espérance.

Les derniers dépôts anciens que présente le synclinal du Witwatersrand sont les *couches du Gatsrand*, formées de lits assez étroits de quartzites, qu'on a parfois confondus avec la grande masse de quartzites accompagnant la série des conglomérats et qui occupent, au contraire, la partie supérieure des couches anciennes, juste au-dessous de la série (absolument discordante) du Karoo.

Ces quartzites du Gatsrand sont semblables à ceux de Zuurberg, Zwarteberg, Witteberg (le Cap), ainsi qu'à ceux de Kowie considérés comme du carbonifère supérieur.

On rattache aussi au même niveau les couches très caractéristiques du Magaliesberg, qui forment un chaînon est-ouest, à l'Ouest (et un peu au Nord) de Pretoria.

Avant de passer à la description de la série plus récente du Karoo, nous résumerons la coupe des niveaux géologiques de la série ancienne que nous venons de passer en revue. Elle est la suivante de haut en bas :

Karoo (permien et trias).

Discordance.

Quartzites minces du Gatsrand (carbonifère moyen).
Couches de Magaliesberg et de Pretoria : calcaires dolomitiques (carbonifère inférieur ?) .... environ 2.000 mètres.
Quartzites formant le toit du Black Reef.
Discordance. } 5 à 10m
Black Reef.
Diabase amygdaloïde du Kliprivcrsberg .... 2.500m.
Série des quartzites et conglomérats aurifères du Witwatersrand (dévonien inférieur) .... 6 à 7.000m.

Schistes argileux, roches ferrugineuses et quartzites de Hospital-Hill .... 1.000 à 2.000.

Discordance.

Granite et gneiss.

Comme notion d'âge sur ces terrains, nous verrons que le Karoo, près de Johannesburg, contient des fossiles permo-triasiques ; d'autre part, certains calcaires dolomitiques à Vereeniging sont du carbonifère inférieur ; pour préciser davantage, on se fonde uniquement sur une assimilation un peu lointaine avec les terrains anciens des environs du Cap qui, d'après les géologues sud-africains, seraient l'équivalent géologique de ceux du Transvaal.

Au Cap, la Montagne de la Table, qui donne au panorama de la ville vue du large une allure si pittoresque, est formée, comme on peut s'en assurer aisément par une courte excursion, d'un soubassement de granite normal, formant de premières pentes arrondies, au-dessus desquelles des strates horizontales de terrains anciens, d'abord un lit peu épais de schistes, puis des grès avec quelques conglomérats constituant le Plateau, la Table, sont coupés latéralement par des falaises abruptes. Ce sont ces grès, eux-mêmes sans fossiles, mais surmontés ailleurs par des schistes de Bokkeweld à fossiles du dévonien supérieur, que l'on assimile aux couches aurifères du Witwatersrand.

La coupe, dans le sud de la colonie du Cap, est la suivante :

Couches de Zwarteberg, assimilées à celles des Gatsrand et du Magaliesberg. — Carbonifère moyen.

Discordance. — Dolomies du Plateau d'Han-ami, du Damaraland, de Kaap Range, de Griqualand West assimilées à celles du Black-Reef et du Zoutpansberg (au nord du Transvaal) — Carbonifère inférieur.

Discordance. — Schistes micacés de Bokkeveld avec fossiles du dévonien supérieur (manquant au Transvaal). ; grès (avec quelques conglomérats) de Table-Mountain, assimilés à ceux du Witwatersrand, du Zoulouland, etc.

Ardoises argileuses, sans fossiles, assimilées aux couches ferrugineuses d'Hospital-Hill.
Discordance. — Occasionnellement : couches de Malmesburg reposant sur les couches du Namaqualand et pouvant représenter le cambrien et l'archéen.
Granite.

Dans l'est de l'Afrique australe, du côté du Swaziland et dans les districts aurifères de de Kaap ou de Lydenburg, il s'intercale, au-dessous des couches d'Hospital-Hill et des grès du Witwatersrand ou de Table-Mountain, une importante formation de schistes argileux, talqueux ou chloriteux, contenant très souvent des veines d'or à peu près interstratifiées, qui a été décrite par Schenck sous le nom de couches de Swasi ou de Lydenburg.

2° **Dépôts du Karoo.** — Les couches du Karoo présentent, sur toute l'Afrique du Sud, une formation continentale des plus remarquables, dont le dépôt s'est poursuivi à travers de longues périodes géologiques sans qu'aucun mouvement important du sol semble être venu l'interrompre et qui, depuis lors, ne paraît pas non plus avoir été déplacée ni plissée, mais seulement tranchée par des failles le long des grands affaissements d'âge crétacé qui ont amené l'arrivée de l'Océan Indien.

Ces terrains, que M. Suess a assimilés à des dépôts analogues des Indes, en supposant que ces deux pays devaient être alors reliés, à travers Madagascar, par un vaste plateau, la Lemuria, ont certainement recouvert toute la région du Witwatersrand qui nous occupe et n'y ont disparu que par suite des érosions postérieures ; car on en retrouve de nombreux lambeaux épars, laissés là comme témoins, notamment au Sud et à l'Est, où ils couvrent de grandes étendues ; et, sur les parties mêmes où ils ont disparu, il reste souvent de très épaisses couches de limon, résultat de leur destruction, qui masquent les affleurements des conglomérats aurifères. L'érosion considérable, dont nous avons là une preuve indirecte, a même dû, pour le dire en passant, enlever à la partie supérieure des couches d'or, un volume considérable de minerai, et l'on est étonné qu'il n'en soit pas résulté, comme alluvions aurifères, autre chose que les très maigres dépôts lavés au début de la découverte du pays et aujourd'hui abandonnés.

Les lambeaux de Karoo, que nous rencontrons autour de Johannesburg, paraissent appartenir uniquement à la partie élevée de cet étage, les couches inférieures dites de Dwycka et de Koonap faisant à peu près défaut (*). Étant donné qu'il s'y rencontre fréquemment de la houille exploitable, on les a même classés, en général, dans l'étage tout à fait supérieur, dit de Stormberg, considéré dans la majeure partie de l'Afrique du Sud comme contenant les couches houillères à sa base, et rattaché au rhétien. Les fossiles y sont extrêmement rares. Néanmoins M. Schmeisser a trouvé à Holfontein Colliery, dans le Wilje-Rivier-Gebiet (district de Middelburg), c'est-à-dire déjà loin au Nord, quelques restes de *Glossopteris* et de *Schizoneura*; il a également signalé un échantillon de *Glossopteris* recueilli par le Dr Simon dans le même district, à Olifant-River. Sur une indication qui nous avait été donnée par M. Brisse, Ingénieur des Mines, nous-même avons pu retrouver un gisement de plantes situé seulement à 3 kilomètres au sud de Johannesburg, à Francis, près d'un grand réservoir établi au sud de la Ferreira (**). Ce gisement se compose d'un lambeau très restreint de schistes et grès avec mince veinule de houille, sur lequel on avait fait autrefois un travail de recherches qui n'a donné

(*) M. Schmeisser parle pourtant (p. 66) d'une roche recueillie sur la ferme de Modderfontein à 12 kilomètres est de Bocksburg, qu'il assimile aux conglomérats de Dwycka.

(**) C'est probablement le gisement de Rosettenville signalé par M. Goldmann (p. 24) comme renfermant des *Glossopteris*, *Cyclopteris* et autres plantes triasiques.

aucun résultat. Les plantes recueillies en ce point comprennent, d'après M. Zeiller, qui a bien voulu les examiner : *Glossopteris Browniana* Brongt, *Gloss. communis* Feistm., *Gloss. angustifolia* Brongt, *Vertebraria indica* Royle, *Phyllotheca* sp., et *Nœggerathiopsis Hislopi* Feistm.

La présence de ces divers *Glossopteris* conduit à rapporter ce gisement à l'étage de Beaufort, la flore de l'étage de Stormberg ne comprenant plus, à ce qu'il semble, de *Glossopteris*. L'âge en serait donc probablement le permien supérieur ou le trias (étage moyen des Lower Gondwanas de l'Inde), tandis que l'étage de Stormberg appartient au rhétien ou, du moins, au trias supérieur : d'où résulterait, en fin de compte, cette conclusion qu'une partie au moins des houilles du Transvaal, celles d'Olifant-River et de Holfontein Colliery, en relation directe avec les bancs à *Glossopteris* précédents, se rattacherait elle-même, non à l'étage de Stormberg, mais à celui, plus ancien, de Beaufort.

Enfin M. Goldmann signale encore, à Vereeniging, à 50 kilomètres sud de Johannesburg, des couches de houille discordantes sur la dolomie qui contiendraient, avec des plantes triasiques, deux fossiles carbonifères, *Lepidodendron* et *Favularia* (*).

Les couches du Karoo, qui apparaissent dans le Transvaal, Natal et la colonie du Cap, contiennent, en bien des points, d'importants et puissants dépôts de houille, sur lesquels se sont développées de nombreuses exploitations, parmi lesquelles nous citerons du Nord au Sud :

1° Dans le Transvaal, celles de Vereeniging, à MM. Lewis et Marks, Douglas Holfontein, Olifant-River près de la Wilje-River (affluent du Rhenoster, qui lui-même se jette dans l'Olifant-River) au sud de Middelburg et non loin de la ligne de Pretoria à Lourenço

(*) *South African mining and finance*, t. I, p. XXIV.

Marques (Delagoa) ; celles de Bocksburg [Brakpan Colliery, Springs, Cassel Colliery (Daggafontein)], etc., immédiatement à l'Est de Johannesburg ; 2° celles du Swaziland ; 3° dans Natal, celles des environs de Newcastle et Ladysmith, près de la ligne de Johannesburg à Durban ; 4° dans la colonie du Cap, celles de Parys, presqu'à la frontière du Transvaal, sur la rivière Vaal ; celles de Kronstad, sur la ligne de Johannesburg à Capetown ; celles, de Cyphergat et d'Indwe près de l'embranchement de Springfontein à East London ; enfin, celles de Molteno, Bushman's Hoek, etc.

Le charbon de Cyphergat, qui a alimenté jusqu'ici les mines de diamants de la Compagnie de Beers, représente environ 51 p. 100 du même poids de charbon du pays de Galles ; à la mine d'Indwe, récemment achetée par la Compagnie de Beers, le charbon, qui forme, sauf quelques liens schisteux, une couche de 2 mètres, représente, dit-on, 70 p. 100 de charbon anglais.

Nous empruntons à M. Schmeisser quelques coupes du Karoo prises dans la région de Bocksburg :

Au charbonnage de Brakpan, l'un des plus importants de la région et celui qui, par suite des tarifs de chemins de fer tout à fait exorbitants, fournit la plus grande partie des mines d'or du Rand, on exploite deux couches extrêmement régulières et bien horizontales, dont la supérieure a $0^m,60$ d'épaisseur, l'inférieure $6^m,40$. La coupe complète est la suivante :

Karoo	Terrain	superficiel et	schistes décomposés..	5 mètres.
	—	—	schistes.............	7 »
	—	—	grès..................	12 »
	—	—	schistes argileux	$1^m,50$
	—	—	*houille*	0 ,7
	—	—	schistes argileux......	2 ,7
	—	—	houille	6 ,4
	—	—	schistes argileux	1 ,0

Formation ancienne recouverte par le Karoo en stratification discordante.

A Douglas (Middelburg), on a de 3 à 6 mètres de charbon (parmi lequel du charbon à coke) ainsi répartis (*) :

Schistes argileux........................... } Grès grossier............................... }	16 mètres.
Charbon pour chaudières.........................	$1^{m},8$
Charbon pierreux inférieur....................	0 ,03
Charbon pour forge............................	1 ,4
Mélange de charbon pour chaudières et pour forge.	1 ,0
Grès grossier solide	1 ,0
Charbon à gaz et à coke	1 ,4
Charbon pour chaudière.........................	0 ,78
Grès.	

Le charbon de Bocksburg, presque seul utilisé dans le Rand, est plus maigre, plus anthraciteux, plus chargé de cendres (**) que celui de Middelburg, où l'on trouve des couches à coke, et, par suite, inférieur ; mais il donne pourtant des résultats très convenables pour le chauffage des chaudières, et les facilités extrêmes d'exploitation qu'il présente permettraient de l'avoir, sur les mines d'or, à très bon compte s'il n'était, jusqu'ici, ainsi que nous l'avons dit, grevé de frais de transport excessifs.

Comme nous n'aurons pas l'occasion de revenir sur cette question, nous donnerons de suite ici quelques chiffres relatifs à l'exploitation des mines de houille.

(*) Cette région est trop éloignée de Johannesburg et les transports ont été, jusqu'à ces derniers temps, trop difficiles pour qu'elle ait pu prendre encore tout le développement dont, suivant M. Schmeisser, elle serait susceptible. Elle présente cette particularité d'être la seule donnant du charbon à coke : ce qui, si un jour on arrive à introduire l'industrie de la fonte au Transvaal, peut présenter une grande importance. A Douglas on fait déjà un peu de coke.

(**) D'après M. Schmeisser (p. 69), on aurait trouvé, dans les cendres de houille de Bocksburg, une teneur en or de 7 grammes à la tonne. Le fait, s'il est exact, s'explique aisément par cette circonstance que les couches du Karoo, qui contiennent la houille, se sont déposées sur les couches aurifères démantelées et ont été, sans doute, en partie constituées à leurs dépens.

La production a été en 1893 et en 1894 :

		1893 t.m.	1894 t.m.
District de Bocksburg	Coal Trust Company (Fermes de Brakpan (*) et Rietfontein)	209.000	256.000
	Cassel Colliery (Daggafontein)	50.000	122.000
	Springs Colliery		54.000
	Victoria and Phœnix Colliery		25.500
	South Wales Colliery		18.500
	Bocksburg Collieries		18.500
	Wishaw Coal Mining Colliery		13.000
	Total		505.500
South african and Orange free State Coal and Mineral Association			161.000

Dans le district de Bocksburg, les mines de Coal Trust, Cassel, Victoria and Phœnix, South Wales, Bocksburg et Wishaw ont fourni aux mines d'or 451.000 tonnes de charbon en 1894 ; la Springs Colliery a alimenté la compagnie de chemin de fer Netherlands Railway Company, à laquelle elle appartient ; enfin, les charbons de la South African ont été consommés en dehors des frontières de l'État. On peut, en outre, citer, dans le même district, la Great Eastern (à Grootvlei) et la Cleydesdale, entreprise nouvelle située près de la Cassel Colliery.

B. — Étude spéciale de la série aurifère du Witwatersrand.

Allure générale des couches. — Leur plongement et leurs dislocations postérieures. — Relation possible de la richesse en or avec la nature minéralogique des couches. — Descriptions successives des différents reefs aurifères d'une extrémité à l'autre du Rand (**).

(*) La Brakpan Colliery a célébré récemment une fête pour l'extraction de son premier million de tonnes (short tons de 907 kilogrammes).

(**) Nous nous bornerons dans ce chapitre à la description stratigraphique des couches aurifères ; on ne s'étonnera donc pas de n'y pas trouver, sur la nature minéralogique des minerais, le mode de cristallisation

Nous avons indiqué plus haut quelle est l'allure générale de la série des quartzites et conglomérats du Witwatersrand, où se trouvent les couches aurifères exploitées, et nous avons essayé de montrer notamment comment ces terrains constituaient un grand synclinal de direction N.-E. — S.-O. : de manière que, dans tout le Rand proprement dit, du West-Rand à Modderfontein, sur la zone principale des mines, les couches plongent constamment vers le Sud, tandis que, sur le flanc sud de ce synclinal, du côté du Nigel et d'Heidelberg, elles plongent vers le Nord.

Cette pente des couches, ainsi que nous l'avons déjà fait remarquer et comme un schéma ci-joint (Pl. III) le met en évidence, est absolument variable d'un point à l'autre entre la verticale et l'horizontale et arrive même, en quelques points spéciaux comme la Chimes, à des renversements locaux; néanmoins, sur n'importe quelle coupe N.-S. perpendiculaire à l'axe du synclinal, il semble généralement, comme on doit s'y attendre, que les couches, successivement rencontrées du Nord au Sud, tendent de plus en plus vers l'horizontale, à mesure qu'on se rapproche de l'axe du synclinal ; à peu près dans cet axe, le Blackreef est toujours à peu près horizontal.

Un fait très caractéristique, conséquence directe de cette disposition des couches en fond de cuvette, et dont la constatation présente une importance capitale pour le développement industriel du pays, c'est que le plongement d'une couche donnée dans une section et, par suite, dans une mine déterminée va, d'une façon constante et très rapidement, en diminuant à mesure que l'on s'enfonce,

---

de l'or, etc., des détails qui ont leur place marquée ultérieurement. Il nous suffit ici de rappeler ce fait fondamental et bien connu que les minerais d'or du Witwatersrand sont des couches sédimentaires de conglomérats et de quartzites, où l'or se trouve, avec de la pyrite de fer, dans le ciment qui enveloppe et soude entre eux les galets ou grains de quartz.

en sorte que, de 70° ou 80° par exemple à l'affleurement, on peut, avant d'atteindre 300 mètres de profondeur verticale, n'avoir plus que 30°.

La conséquence pratique de ce fait est que, pour exploiter une longueur donnée suivant l'inclinaison de la couche ou reef, on n'a besoin de descendre, suivant la verticale, que d'une profondeur beaucoup moindre qu'il ne l'eût fallu si elle avait conservé sa pente primitive : par suite, les travaux de mines étant forcément limités à une certaine profondeur, soit par des impossibilités matérielles tenant à la chaleur, soit simplement par l'augmentation des frais d'extraction ou d'épuisement, la quantité de minerai sur laquelle, un jour ou l'autre, l'homme peut espérer mettre la main s'est trouvée considérablement accrue (*). Cette question, très discutée, de la limite d'exploitation en profondeur, s'appelle, du nom anglais des concessions ne possédant pas l'affleurement de leur reef, la question des *deep levels*.

Un autre résultat connexe de ce changement de pente des couches en profondeur a été une certaine surprise pour les premières sociétés exploitantes, qui, assimilant à tort leur couche aurifère à un filon, c'est-à-dire à un plan à peu près vertical, s'étaient contentées de prendre des concessions assez étroites dans le sens de l'inclinaison du reef, en supposant que celui-ci y resterait néanmoins jusqu'à la limite d'exploitabilité pratique, tandis que ce reef, par suite de son aplatissement, est, au contraire, assez vite sorti de la concession pour entrer dans un terrain voisin.

Les planches ci-jointes III et IV mettent en regard les unes des autres une série de coupes transversales à la

(*) Par contre, la quantité de minerai comprise dans une concession, ou *claim*, est d'autant plus restreinte que la couche est plus rapprochée de l'horizontale, puisque cette concession est limitée à quatre plans verticaux menés suivant les quatre côtés du rectangle qui le définit à la surface.

même échelle prises de l'Ouest à l'Est en des points différents du Witwatersrand; on y voit généralement se dessiner la courbure des reefs d'une façon très régulière et, sauf dans des cas exceptionnels comme à la Chimes, où le reef est particulièrement disloqué par des failles, ou encore à la Simmer and Jack où, étant presque horizontal, il prend, par suite d'une ondulation légère, un changement complet de direction, on constate que la ligne de plus grande pente des reefs dessine, dans toute la partie explorée jusqu'ici par les travaux, une courbe bien continue : ce qui est, du reste, naturel pour un ensemble de terrains composés de bancs homogènes, régulièrement superposés et, jusqu'à un certain point, indépendants, qui, soumis à un effort mécanique intense de plissement, ont dû se courber en glissant légèrement les uns sur les autres, comme les cartes d'un jeu qu'on essayerait d'infléchir en rapprochant ses deux extrémités.

Les glissements des strates les unes sur les autres sont, sans doute, la cause des nombreuses salbandes argileuses, produit d'une friction des deux bancs contigus suivant une faille longitudinale, salbandes que nous aurons souvent à signaler dans cette description du Rand et dans lesquelles ont cristallisé à l'occasion, par sécrétion, des veines de quartz blanc laiteux avec concentrations géodiques des métaux disséminés dans le conglomérat voisin (pyrite de fer, parfois chalcopyrite, galène, blende ou or natif). C'est à eux également qu'il faut probablement attribuer les cassures parallèles à la direction des couches suivant lesquelles, par un bâillement des strates, sont souvent montés des épanchements de roches éruptives ou dykes (diabases, porphyrites, etc.).

Les accidents transverses, qui ont pu, soit se produire par déchirure des bancs ainsi courbés, soit avoir lieu postérieurement, n'ont, en somme, qu'une importance restreinte dans le Rand, où les couches peuvent être considérées, par comparaison avec ce qu'on observe généralement dans les terrains primaires, comme des plus régulières. Il faut seulement noter à ce sujet le nombre anormal des failles inverses qui s'élève, paraît-il, quand on fait le compte exact, à près de 70 p. 100.

Cette remarque d'ensemble sur la régularité relative des couches (en ce qui concerne les fissures ou accidents mécaniques), jointe aux observations faites sur toutes les coupes transversales relevées dans les travaux ou les sondages actuels, nous amène à penser que, pour prévoir l'inclinaison future des reefs dans la suite des travaux, on peut, avec grande vraisemblance, prolonger les courbes actuelles des sections transversales suivant une loi de continuité. Assurément, il n'y aurait rien d'impossible à ce que, dans un terrain plissé comme celui-là, de petits plis secondaires vinssent se greffer sur le grand pli principal, et produire comme une succession de faibles ondulations autour de la courbure générale, et, plus le reef se rapproche de l'horizontale, plus de semblables sinuosités ont des chances de se produire ; mais de tels plis secondaires n'ont aucune importance au point de vue de l'avenir des exploitations, et, autant qu'on peut se prononcer sur des questions de ce genre, nous ne croyons pas qu'il y ait à craindre, après une partie peu inclinée, reconnue aujourd'hui dans les travaux, de trouver dans les mines de deep level, en profondeur, une reprise brusque des fortes pentes de l'affleurement.

Si l'on prolonge la courbure des reefs par continuité et en tenant compte de leur réapparition probable sur l'autre flanc du synclinal à 25 ou 30 kilomètres de distance au moins, on arrive, d'autre part, à cette conclusion, que les pentes assez faibles de 20 ou 30°, atteintes dès à présent, ont des chances de se prolonger longtemps, et que, plus on ira, plus la diminution dans l'inclinaison se fera lentement, puisque, suivant les probabilités, on ne doit arriver à l'horizontale qu'en approchant de l'axe du synclinal, c'est-à-dire dans une zone où les couches doivent être tellement profondes, qu'il y a très peu de chances pour qu'on les aille jamais chercher.

Si nous passons maintenant à l'étude détaillée des couches (quartzites et conglomérats) constituant la série aurifère, la question qui va, comme de juste, attirer spécialement notre attention désormais, c'est l'examen des bancs renfermant le métal précieux. Cet or, il est important de le dire aussitôt, n'est pas là en gros cristaux, filaments ou veinules, comme dans les quartz aurifères de Californie ou d'Australie : il se présente, dans tout le Rand, associé, *à l'état invisible*, à la pyrite de fer et à la silice dans le ciment d'un certain nombre de couches interstratifiées, parmi lesquelles quelques bancs de conglomérats bien définis, ou reefs, jouent, on le sait, le rôle principal.

Il convient, à ce propos, de faire une remarque d'ensemble sur le choix des couches exploitées, choix qui ne s'impose pas au mineur, comme on le croit trop souvent, par des caractères bien tranchés appartenant exclusivement aux bancs aurifères et nettement différenciés de ceux des couches réputées stériles.

Jusqu'à la découverte des gisements du Witwatersrand, on connaissait bien, d'une façon plus théorique que pratique, des exemples de conglomérats aurifères; mais, en dehors de quelques couches de ce genre, appartenant à l'époque tertiaire et se rattachant à la forme récente des placers, on n'en exploitait aucune industriellement. Lorsque, de proche en proche, après avoir lavé d'abord quelques alluvions aurifères, puis prospecté divers filons de quartz aurifère dans le Transvaal, on eut été amené à constater l'exploitabilité des conglomérats aurifères du Witwatersrand, on commença par s'attacher, avec une sorte de respect superstitieux, à rechercher des bancs absolument identiques à ceux qui avaient donné les premiers succès : d'où l'importance très grande, et souvent d'ordre financier, que l'on attache encore (d'une façon fort exagérée à notre avis), à savoir si tel reef, comme celui du Champ d'Or ou de Modderfontein, fait ou ne fait pas partie de la série du Main-Reef. Ce n'est que peu à peu, et timidement, qu'on a fait des tentatives sur d'autres reefs analogues, ayant donné de mauvais résultats ou ayant passé inaperçus au début, même sur ceux qui pouvaient se trouver compris dans les premiers travaux de mines : par exemple le Main-Reef proprement dit, banc épais tout d'abord laissé de côté (*).

Il faut bien dire ici que, le développement industriel du pays ayant marché très vite, on y a manqué longtemps d'ingénieurs vraiment capables, en nombre suffisant pour mettre à la tête de toutes ces entreprises ; et ceux qui étaient là ont eu tout leur temps absorbé par les travaux d'installation, de développement, etc. (en somme, par une besogne presque matérielle), ce qui ne leur a pas permis de penser à des recherches en dehors de leur train-train journalier ; mais il semble permis également de mettre en cause cet esprit d'obstination entêtée dans une voie adoptée au début, cette confiance exclusive dans les méthodes pratiquement éprouvées par le voisin, qui, fond de l'esprit anglais, peuvent s'appeler, suivant les cas, de la persévérance ou de la routine. Un Français ou un Américain sont surpris de voir qu'avec l'ampleur des travaux du Witwatersrand, avec les bénéfices énormes réalisés par certaines entreprises et les capitaux dont elles disposent, aucune n'ait eu l'idée de faire un travail de reconnaissance sérieux, qui eût pu

(*) L'augmentation incessante de la force des batteries de pilons, en réduisant les frais de broyage, à la condition de broyer beaucoup de minerais, a amené à abattre, outre les premiers minerais riches, des minerais de plus en plus pauvres.

amener pratiquement à des résultats d'une valeur capitale; que, cantonnées sur certains bancs suivis depuis l'affleurement, elles n'aient jamais entrepris un travers-banc au toit ou au mur ayant seulement une centaine de mètres de long et destiné à constater s'il n'existerait pas, en dessus ou en dessous, quelque couche aurifère payante ayant été dédaignée à la surface. C'est là, sans doute, affaire de l'avenir, pour le jour, assez prochain d'ailleurs dans le cas de quelques mines, où les gisements connus seront épuisés; mais alors, quand les bénéfices disparaîtront, de semblables dépenses de recherches, qui actuellement eussent été noyées dans la masse des bénéfices, pourront sembler lourdes. A peine aujourd'hui si l'on essaye le toit et le mur du reef, qui pourtant sont, dans bien des cas, presque impossibles à distinguer de la roche aurifère. Tout au plus s'est-on, dans ces derniers temps, décidé à faire, de distance en distance, des recoupes pour aller chercher le Main-Reef proprement dit (jugé d'abord inexploitable), après qu'un certain nombre de mineurs plus hardis eurent constaté la possibilité d'en tirer parti, au moins par tronçons. L'habitude de l'abattre également se répand peu à peu dans le Witwatersrand, et l'on peut se demander si, le jour où il sera passé en dogme que ce banc est exploitable, tous les ingénieurs anglais du Rand ne l'exploiteront pas, au contraire, partout à l'aveuglette et par esprit d'imitation.

On est d'autant plus en droit de faire de semblables observations qu'il est souvent extrêmement difficile en pratique de suivre la véritable couche aurifère et que, dans bien des cas, le hasard, amenant quelque constatation sur des roches réputées stériles, a produit de véritables surprises. Tantôt l'on s'est aperçu (particulièrement dans le South Reef des mines de l'Est, toujours divisé en plusieurs veines) que l'on suivait depuis longtemps une veine pauvre, alors qu'une veine riche était à quelques pieds au toit ou au mur ; ailleurs, comme à la Jumpers, on a découvert un beau jour un reef intercalé entre ceux que l'on exploitait, le Middle reef, dont on ignorait l'existence ; à la Ferreira, c'est après avoir vendu des stériles pour l'empierrement de la ville de Johannesburg, qu'un ingénieur doué d'initiative, s'étant avisé de les faire essayer, a constaté la présence de l'or en quantités payantes dans les débris d'un banc, toujours rejeté jusque-là comme quartzite sans valeur ; de même encore, à la Buffelsdoorn, on ne s'est attaqué aux quartzites aurifères travaillés aujourd'hui, qu'après avoir fait d'abord passablement de dépenses inutiles sur des conglomérats voisins.

D'une façon générale, l'expérience acquise ainsi peu à peu tend à infirmer légèrement l'opinion, d'abord admise par tous et restée approximativement exacte dans la majorité des cas, que l'or existe uniquement dans les conglomérats, et surtout dans certaines veines minces à gros galets de conglomérats, telles que le South Reef et souvent le Main-Reef Leader dans le centre du Rand. Nous venons de citer l'exemple de la Buffelsdoorn, où l'or est dans des quartzites à grains fins (il est vrai, en quantités très faibles), concentré, semble-t-il, le long de certaines veinules pyriteuses et carburées, presque sans aucune trace de galets ; le reef de Rietfontein donne des teneurs très fortes avec des grès quartzites fort peu chargés de galets ; les reefs de Modderfontein et celui du Nigel sont également à très petits éléments et comptent néanmoins parmi les plus riches (*). Par contre, on observe, entre deux reefs

(*) M. Bel a rapporté à l'École des Mines de fort curieux échantillons provenant de la ferme de Witpoortje (au sud du Champ d'Or), échantillons formés de grès quartzite rosé avec grands cristaux de pyrite très espacés n'ayant certainement subi aucun transport après leur cristallisation. Les pyrites, sur ce point, ne sont pas aurifères, mais prouvent que les eaux où se sont déposés les quartzites détenaient du sulfure de fer en dissolution.

aurifères, des conglomérats à galets énormes comme ceux du Kimberley reef, de l'Elsburg reef ou du reef de Geldenhuisvalley qui, jusqu'ici du moins, ne paraissent pas susceptibles de donner lieu à des exploitations prospères. Il n'y a donc pas un rapport direct entre la dimension des galets ou graviers et la richesse en or, ou, du moins, d'autres influences peuvent intervenir et contre-balancer celle-là.

Il est également impossible de dire que l'or (et la pyrite, toujours connexes, comme nous le verrons) aient une tendance constante à se concentrer de préférence, soit à la base des couches, comme cela a lieu presque toujours dans les placers aurifères, soit au sommet ; tantôt c'est l'un des cas qui se présente, tantôt l'autre, tantôt un cas intermédiaire et, dans l'étendue d'une même mine, on passe de l'une à l'autre disposition sans raison apparente, en sorte que, l'aspect du minerai n'étant jamais une indication suffisante de sa richesse, et l'or n'y étant jamais visible, ce n'est que par des analyses ou essais constants qu'on peut se diriger. Nous trouverons, par exemple, dans plusieurs mines du centre du Rand, à la Ferreira, la Village Main-Reef, dans le Main-Reef Leader et le South-Reef, qui sont distants d'environ 30 mètres, les parties riches en regard l'une de l'autre, des deux côtés du quartzite stérile qui sépare ces deux bancs, c'est-à-dire au toit du Main-Reef Leader et au mur du South-Reef (superposé au premier).

La nature minéralogique des galets ne paraît pas non plus avoir une relation nette avec la richesse en or, comme cela devrait se produire si l'or et les galets provenaient de la destruction d'un même filon de quartz aurifère ; c'est un point sur lequel nous reviendrons en décrivant les minerais ; dans certaines mines, il est vrai, on attache de l'importance à la présence des quartz noirs enfumés, considérés comme un bon indice ; mais, très souvent, cette idée est contredite par l'expérience ; seule, la teinte sombre du ciment résultant de l'abondance des inclusions pyriteuses, et la présence de cette pyrite elle-même, sont des caractères assez constants pour les minerais riches.

Une autre question de grande importance pour l'industrie des mines d'or, c'est la disposition plus ou moins régulière des zones riches et leur continuation en profondeur ; nous nous réservons de consacrer ultérieurement tout un paragraphe à cette question ; nous dirons donc seulement ici que, dans son ensemble, l'étude du Witwatersrand montre l'existence d'un certain nombre de zones particulièrement riches qui apparaissent aussitôt sur le graphique des teneurs moyennes industrielles représenté par la Planche III (*), et dans le détail on retrouve également, comme dans tous les gisements d'origine quelconque, une certaine localisation des hautes teneurs suivant des taches de forme irrégulière disposées dans le plan des couches ; on remarque également que la rencontre d'une faille, ou d'un dyke ayant joué le rôle de faille, amène souvent (par la suppression de parties intermédiaires), un changement brusque dans les teneurs et le passage subit d'une zone riche à une zone pauvre ou réciproquement : d'où cette idée plus ou moins exacte, ue les colonnes riches ont une tendance à affecter la direction générale des failles qui, dans le centre du Rand, est souvent Nord-Est — Sud-Ouest.

(*) Plusieurs causes tendent à empêcher ce graphique de présenter une rigueur absolue ; car la teneur moyenne dans une mine peut, sans que la vaelur réelle soit en rien modifiée, se trouver augmentée ou diminuée en apparence suivant que l'on procédera à un triage très soigné du minerai ou, au contraire, que l'on passera beaucoup de minerai pauvre avec le riche. Généralement l'augmentation de la force de la batterie dans une mine a pour conséquence une diminution dans la teneur moyenne parce qu'on est amené à traiter des minerais pauvres jusque-là négligés. Néanmoins, la distribution générale des parties riches sur notre courbe correspond bien à une réalité.

Nous venons de parler là des teneurs moyennes, pour lesquelles il peut être question d'une certaine constance et d'une régularité relative ; quant aux teneurs locales, elles sont, au contraire, d'une irrégularité extrême, ainsi que nous le mettons en évidence par les graphiques de la Planche VI. On peut constater, sur ces graphiques, qui sont la simple traduction des plans d'essais sous une forme plus parlante aux yeux, de quelle façon très approximative se vérifie une loi très généralement considérée comme exacte dans le Rand : celle des variations en sens inverse de la richesse et de l'épaisseur ; on croit généralement à Johannesburg que, par une sorte de compensation, un reef est d'autant plus riche qu'il est plus mince, comme s'il n'y avait eu qu'une quantité donnée d'or à y répartir. En réalité, les exceptions à ce principe sont innombrables.

Les variations de la teneur en profondeur, auxquelles on attache avec raison une importance capitale pour l'avenir du Witwatersrand, nous paraissent, d'après toutes les observations faites sur les plans d'essai, devoir être du même ordre que les variations en direction bien constatées aujourd'hui, c'est-à-dire qu'on rencontrera probablement des zones riches et des zones pauvres alternées, sans qu'il semble y avoir aucune raison pour prévoir soit un appauvrissement, soit un enrichissement général ou théorique. Étant donnée la faible dimension des concessions d'affleurement, il est assez naturel de supposer que les concessions immédiatement contiguës suivant l'inclinaison, ou deep levels, resteront, du moins quelque temps, dans la même zone et conserveront par suite une richesse analogue. Mais, si l'on allait à de grandes distances, il serait parfaitement possible qu'à une zone riche sur l'affleurement correspondît une zone pauvre en profondeur et réciproquement.

Nous allons maintenant procéder à la description

détaillée des principaux reefs exploités, en les abordant successivement du nord au sud : d'abord le Rietfontein reef, puis la série du Main Reef, les Kimberley et Battery reef, le Blackreef, le Nigel reef, enfin le reef de Buffelsdoorn, et nous étudierons chacun d'eux de l'Ouest à l'Est.

Nous ferons remarquer, à cette occasion, qu'outre son grand intérêt industriel et spécial, une semblable étude, qui résulte pour nous d'un très grand nombre d'observations faites sur place et à des intervalles de temps assez rapprochés pour avoir été bien présentes toutes ensemble à notre mémoire, peut présenter une certaine valeur pour la géologie générale : il est rare, en effet, que des travaux de mines aussi étendus donnent la possibilité d'étudier les modifications d'une série sédimentaire ancienne sur d'aussi longues distances, aussi bien en direction qu'en inclinaison.

Par contre, nous ne nous dissimulons pas que l'accumulation des menus détails, dont se composera cette monographie, pourra présenter souvent une certaine monotonie ; mais ces détails (qui, d'autre part, sont un élément d'appréciation pour chacune des mines dont nous allons parler) nous ont semblé nécessaires afin d'asseoir sur une base solide les considérations générales que nous avons indiquées déjà et celles que nous énoncerons ultérieurement.

Nous allons commencer par dire quelques mots des couches aurifères, ou reefs, situés au nord de Johannesburg et de la série du Main-Reef, reefs sur lesquels ont été faites diverses tentatives malheureuses au début de l'existence du Rand et dont un seul, celui de Rietfontein ou du Preez's reef, a donné lieu, jusqu'ici, à une exploitation fructueuse.

Parmi ces reefs, les anciennes coupes mentionnaient d'abord le Bothas reef, connu seulement dans l'ouest du Rand, où on peut le suivre à travers le French Rand, le Champ d'Or, Luipaardsvlei, les West Rand mines, etc. :

il semble fort probable que ce reef n'est pas autre chose que le Main-Reef, rejeté au nord par une faille, et c'est avec le Main-Reef que nous le décrirons. L'ancien Erasmus reef de Roodeport et Vogelstruis nous parait être également la suite du Main-Reef.

Il y a néanmoins, au nord du Rand, des bancs de conglomérats aurifères ayant une existence indépendante de cette série du Main-Reef, et ce sont ceux dont nous voulons parler ici ; ainsi, quand nous avons décrit plus haut la coupe des terrains situés au nord de Johannesburg, du côté de la ferme de Doornfontein (Pl. I, *fig.* 2), nous avons vu qu'il s'y présentait, au milieu des quartzites, d'importantes masses de conglomérats visibles sur tout le flanc sud de la vallée de Geldenhuis, et se prolongeant, avec quelques dislocations bien nettes, dans la direction de Rietfontein. C'est, sans doute, à quelque veine de cette formation que correspond le reef reconnu et exploité jusqu'ici sur la seule concession de Rietfontein. Ce reef de Rietfontein ou du Preez's reef, est, ainsi que nous le verrons, très mince et très irrégulier : ce qui suffit à faire comprendre comment des travaux de recherches, restés très sommaires, n'ont pas encore permis de suivre exactement sa trace. Situé à la base de la série aurifère du Rand, il présente, avec le Blackreef, placé tout au contraire absolument au sommet de cette formation, certaines analogies curieuses, notamment la présence de galets de pyrite, bien visibles à l'œil nu, et peut-être la relation avec une roche éruptive.

A **Rietfontein** (*), la coupe complète des terrains comprend trois reefs qui, du Nord au Sud (c'est-à-dire du toit au mur, puisque toutes les couches plongent au Sud), sont les suivants :

Tout d'abord, le North reef, exploité seulement au

(*) Coll. École des Mines, 1478.

puits ouest n° 7, est un véritable banc de conglomérats, d'une épaisseur très variable entre $0^m,15$ et $0^m,30$, exceptionnellement un mètre. Souvent il présente à sa base, sur $0^m,03$ ou $0^m,04$ d'épaisseur, un véritable lit de pyrite à éléments de 2 à 3 millimètres de diamètre, très nettement roulés et se montrant même à l'œil nu sous forme de galets (*), caractère que nous ne retrouverons ailleurs dans le Rand qu'au Blackreef, et les deux fois avec les mêmes particularités de très fortes teneurs irrégulièrement réparties, qui doivent présenter quelque corrélation avec cet indice d'une sédimentation moins complète.

Ce North reef, qui n'a joué jusqu'ici, à Rietfontein, qu'un rôle très restreint dans l'extraction, présente un rapprochement curieux avec des masses de diabase situées des deux côtés, mais surtout au nord, masses de diabase qui, plus à l'ouest, se raccordent sans doute avec celles de la ferme de Doornfontein.

A environ 15 mètres au sud de ce North reef se trouve le reef principal de Rietfontein, comprenant deux veines désignées sous les noms de Middle reef et de Middle reef leader (**). Les exploitations, qui portent sur 1 mètre à $1^m,30$ de haut pour la facilité du travail, abattent une masse de quartzite très blanc, au milieu de laquelle se trouvent deux minces traînées de galets, ou simplement deux veines pyriteuses d'autant plus difficiles à suivre dans la demi-obscurité de la mine que ces galets sont blancs comme la masse encaissante : c'est avec ces galets que la pyrite aurifère, à formes souvent cristallines, est en relation et sur leur périphérie qu'elle apparaît. L'aspect, très spécial et très curieux, de ce minerai, rappelle beaucoup celui de certains bancs de quartzites transformés par métamorphisme en quartz, tels que ceux suivis par

(*) Échantillons 1478, 1 et 2.
(**) Ech 1478, 3 à 6.

M. Barrois, en Bretagne, au milieu du granite. Par endroits seulement, les veines de conglomérats, à petits galets d'environ 1/2 centimètre, atteignent 4 à 5 centimètres d'épaisseur : ce qui a permis de reconnaître ce reef à l'affleurement; quand on approche d'un dyke, la teinte semble devenir plus sombre.

Le long de ce reef, fréquemment, des phénomènes de laminage se manifestent par la présence de délits talqueux et schisteux, abondants surtout au mur du minerai, sur lesquels parfois s'est déposé, au contact de celui-ci, un peu d'or visible. Souvent aussi l'on observe, au mur du reef, une veine de quartz blanc comprise entre deux joints schisteux, qui aide à suivre le reef, mais qui ne lui est pas toujours parallèle et passe parfois à son toit. Ce sont des phénomènes que nous rencontrerons assez souvent dans le Rand, où de semblables délits argileux avec sécrétion quartzeuse sont notamment très fréquents au mur du Main-Reef Leader.

Enfin, au Sud, il existe une grosse masse de conglomérats de 15 à 20 mètres d'épaisseur, intéressante à noter parce que, seule visible en réalité à la surface, elle y jalonne, en quelque sorte, le reef mince situé à son toit. Ce conglomérat, formé de petits galets et tenant au plus 3 à 4 grammes d'or, est le Stable reef ; il est adossé au sud à d'épais bancs de quartzite, qui forment une crête continue de Rietfontein à Geldenhuis Estate.

La mine de Rietfontein est divisée en deux quartiers bien distincts, entre lesquels se trouve toute une zone inexplorée. Dans la mine ancienne, à l'Est, la couche part d'environ 50° à l'affleurement pour s'aplatir bientôt à 20° aux sixième et septième niveaux. Dans la mine Ouest, au troisième niveau, la pente est encore de 50°, mais s'aplatit également en profondeur.

Toute cette région est une des plus disloquées du Rand : ce qui crée quelques difficultés avec une couche mince, déjà difficile à suivre par elle-même, qui, en outre, étant très plate, est parfois déplacée très loin par des failles longitudinales ; mais le minerai y est souvent d'une grande richesse.

La coupe théorique ci-jointe (*fig*. 2) donne un exemple des failles inverses reconnues aux environs du sixième niveau, et qui, là, ont ce résultat favorable d'augmenter la longueur de minerai à prendre, suivant l'inclinaison. Une grande faille longitudinale, traversée aujourd'hui, a coupé le reef du troisième au sixième niveau, et fait, quelque temps, interrompre les travaux.

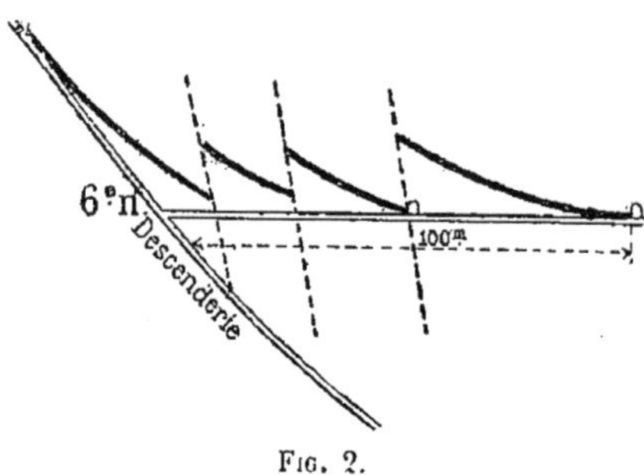

Fig. 2.
Coupe verticale théorique du Middle reef déplacé par des failles inverses à Rietfontein (mine Est, puits 2).

Ce Rietfontein reef semblerait devoir se prolonger vers l'Ouest, comme la crête de quartzite à laquelle il est adossé, sur la ferme de Geldenhuis ; mais on ne l'y a pas encore reconnu d'une façon précise. A l'extrémité Ouest du Rand, on lui assimile le reef d'Alexandra Estate.

A environ 2 kilomètres au Sud du Rietfontein reef, se trouve, sur toute la longueur du Rand, l'importante série, très bien reconnue, du *Main-Reef*, sur laquelle ont porté jusqu'ici les principales exploitations minières et dont nous allons nous occuper maintenant. Cette série comprend, comme éléments utilisés, du Nord au Sud, c'est-à-dire du mur au toit : le Main-Reef, relativement pauvre, ayant jusqu'à 7 et 8 mètres d'épaisseur, négligé au début, mais qu'on commence à exploiter aujourd'hui un peu partout, puis le Main-Reef Leader, souvent très voisin du Main-Reef, et le South-Reef, tous deux généralement minces (entre 3 ou 4 centimètres et 1 mètre), qui constituent la plus sûre richesse du Rand. Il existe, en outre, souvent, des reefs inexploités, tels qu'un North reef sous le Main-Reef, ou un Middle reef entre le Main-Reef Leader et le South reef.

Si nous voulons suivre cette série d'un bout à l'autre, et, par exemple, de l'ouest à l'est, afin de voir ses modifications successives, nous sommes assez embarrassé pour savoir où commencer; car, dans tout l'Ouest, les raccordements sont des plus hypothétiques, et la courbe qui, sur toutes les cartes, relie les fermes de Middelvlei, Randfontein et Luipaardsvlei, est encore bien mal déterminée : rien ne prouve notamment que le reef reconnu en quelques points de Randfontein appartienne réellement à la série du Main-Reef ; les travaux de mines réellement développés ne commencent guère qu'aux West Rand Mines dans la George and May, puis s'interrompent jusqu'au Champ d'Or, après lequel une grande faille rejette les reefs très au sud vers Princess Estate et Durban Roodeport, où l'on entre réellement dans la zone continue du Rand. Nous laisserons donc de côté provisoirement toute cette extrémité ouest, dont nous dirons seulement un mot plus tard quand nous étudierons les reefs de Buffelsdorn, qui en forment peut-être l'extrémité, et nous débuterons dans notre description par la mine du Rand, la plus occidentale que nous ayons visitée, et la seule, du reste, qui ait encore donné cette preuve essentielle d'existence rationnelle et continue, qu'on appelle un dividende : par le Champ d'Or.

Là même, l'assimilation des reefs exploités avec ceux de la série du Main-Reef est encore douteuse; et, si nous n'y étions amené par l'ordre géographique, l'exemple serait mal choisi pour commencer (*): on peut notamment

(*) Nous avons déjà eu l'occasion de donner (page 34) la coupe générale des reefs de la partie centrale du Rand. On pourra s'y reporter,

objecter à cette assimilation que les reefs du Champ d'or sont très voisins de la série dite de Kimberley, tandis que, dans le centre du Rand, ils en sont très éloignés; mais, comme nous l'avons dit plus haut, nous croyons que le faisceau des reefs, très resserré à l'ouest, va en s'éparpillant et se subdivisant de plus en plus de l'ouest à l'est, de sorte que cette objection ne nous paraît pas avoir une grande importance.

Au **Champ d'Or**, on exploite deux reefs : le North reef, qui paraît être en réalité le Main-Reef de la région centrale du Rand (peut-être avec son leader) et le South reef. Les reefs sont, dans cette région, ainsi que nous venons de le remarquer, très rapprochés les uns des autres, et, par suite, très nombreux sur un petit espace. Leur série complète commence au nord par un reef peu exploité (sauf lorsqu'il se rapproche assez du Main-Reef pour être pris en même temps). C'est une veine mince à gros galets de $0^m,04$ à $0^m,05$ d'épaisseur, ayant des parties riches et d'autres sans valeur. L'intervalle qui la sépare du Main-Reef atteint souvent 1 mètre. Dans les chantiers du quatrième et, du cinquième niveau ouest, le Main-Reef se rapproche de ce reef du nord, et s'atrophie jusqu'à disparaître complètement; on n'a plus alors que ce reef du nord.

Puis vient le Main-Reef (portant le nom local de North reef) : un banc de conglomérats de $0^m,75$ d'épaisseur moyenne, allant par endroits à $2^m,50$, dans d'autres cas, au contraire, s'amincissant beaucoup; il a un aspect que nous retrouverons partout dans le Rand pour le reef du même nom: une masse de galets quartzeux gros comme des noix (dont quelques-uns de quartz enfumé, ou de quartzite d'un noir mat), assez ronds et régulièrement répartis dans toute la masse.

---

comme point de comparaison, pour les premières descriptions qui vont suivre.

Le Main-Reef est séparé par 7 mètres de quartzite d'un autre reef, qu'on a parfois voulu considérer comme le Main-Reef Leader, ce qui paraît peu vraisemblable, étant donné cet intervalle de 7 mètres, beaucoup plus considérable que dans le centre du Rand, alors que les distances semblent toutes être réduites ici ; ce reef, si l'on tient à une assimilation qui est forcément bien hypothétique, serait plutôt le South reef.

C'est un mince banc de 3 à 5 centimètres d'épaisseur qui, suivant la loi générale du Rand, est d'autant plus riche qu'il est plus mince, et aussi qu'il contient plus de galets.

A sa base, il paraît s'être produit un laminage, auquel on doit sans doute l'existence de quartzites rendus schisteux, sur la partie supérieure desquels il s'est parfois déposé un enduit d'or visible secondaire. C'est un des faits sur lesquels on pourrait s'appuyer pour rapprocher ce reef du Main-Reef Leader, à la base duquel on voit souvent quelque chose de semblable ; mais il faut remarquer que, dans cette mine, de semblables lits schisteux et micacés se présentent à divers niveaux.

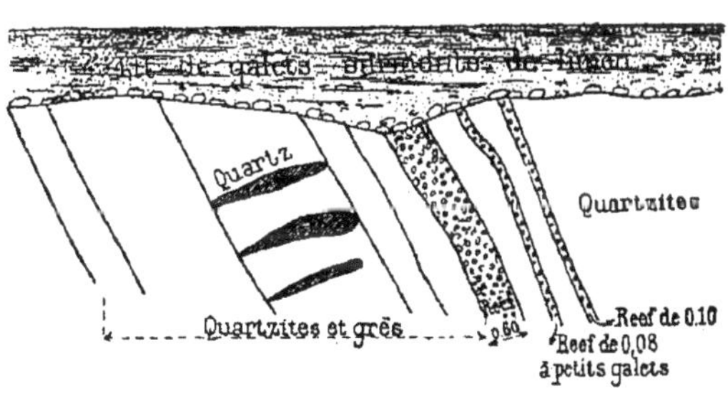

Fig. 3.

Coupe verticale superficielle du Main Reef au French Rand.

Au contact immédiat du Champ d'Or, dans le **French Rand**, à l'ancienne mine de Teutonia, une bonne tranchée permet d'étudier le même Main-Reef à l'affleurement.

Comme le montre la figure 3, on a, à la base, des bancs de

quartzites avec beaucoup de délits micacés, dont l'un est remarquable par trois veines de sécrétion de quartz blanc formant des lentilles perpendiculaires à la stratification et nettement limitées à l'épaisseur d'un banc. Puis vient un reef d'une épaisseur de $0^m,50$ à 1 mètre, avec plusieurs veines connexes presque contiguës au toit, reef qui se prolonge sur la concession de Greys Mynpacht, et joue ici le rôle du Main-Reef proprement dit.

L'inclinaison est, là, de 60° à l'affleurement et de 45° lorsqu'on s'enfonce dans les travaux du Champ d'Or deep (une des mines dont le groupement avec la Teutonia a constitué récemment le French Rand).

Le South reef du Champ d'Or existe également sur la concession du French Rand et, à 20 mètres environ de celui-ci, se trouve un autre reef inexploitable, tenant seulement des traces d'or sur $0^m,20$ d'épaisseur.

Puis, après un intervalle de 1.500 mètres suivant l'horizontale (ce qui correspond peut-être à 5 ou 600, suivant l'épaisseur, car les bancs de ce côté s'aplatissent de plus en plus), on trouve, au sud, une masse considérable de bancs de conglomérats accumulés, occupant, avec quelques intervalles de grès, près de 100 mètres d'épaisseur et constituant les séries de Treasury reef, Bird reef, Battery ou Kimberley reef.

Sur cette masse de conglomérats, qui paraît d'autant plus épaisse que les couches sont très peu inclinées (*), on a cru reconnaître quatre bancs exploitables, qui ont motivé les travaux de Rip et de Battery Reef Extension :

A. Treasury reef....	—	2 mètres en moyenne
B. id.	—	$3^m,30$
C. Bird reef........	—	15 mètres (sans valeur)
D. Battery reef.....	—	$2^m,60$

(*) Il résulte même, de la presque horizontalité des couches, que leur direction et le sens de leur plongement semblent, en certains points, très différents de ceux des couches plus redressées du Champ d'Or.

Parmi ces reefs, l'un, le Bird reef, est formé de petits galets gros comme des œufs d'oiseau (d'où son nom); c'est un reef très caractéristique et que l'on retrouve, toujours semblable, d'un bout à l'autre du Rand, jusqu'à Modderfontein (à l'extrémité est).

Les autres (et notamment le Battery reef, qui est le plus riche) sont, au contraire, formés de galets, parfois tellement gros qu'il ne reste plus de place entre eux pour le ciment aurifère (*). Il est remarquable que, dans ces reefs à galets énormes (jusqu'à 10 centimètres de diamètre), comme le reef de la vallée de Geldenhuis au nord du Main-Reef, ou celui-ci au sud, on trouve souvent des galets de quartzite blanc analogue à celui qui forme les épontes des conglomérats, tandis qu'il n'en existe pas dans les conglomérats aurifères de la série du Main-Reef.

Le Battery reef contient des délits micacés, dus sans doute au métamorphisme, nombreux et bien marqués (**). On a trouvé, dans cette épaisseur de conglomérats, des veines irrégulièrement disposées au milieu de la masse et fort difficiles à suivre, si ce n'est par tâtonnements, qui donnent localement aux essais de bonnes teneurs en or. Les tentatives d'exploitation, qui sont faites en ce moment sur cette série du Battery reef ou Kimberley reef, en quelques points du Rand, comme à Rip, à Marie-Louise, etc., pourront avoir un certain intérêt pour l'avenir du pays; car ces reefs à gros galets, qu'on a considérés jusqu'ici, à la suite

(*) Quand nous étudierons la structure minéralogique des minerais en détail, nous insisterons sur ce fait essentiel que l'or est toujours dans le ciment qui relie les galets entre eux, jamais dans ces galets mêmes.

(**) En des points assez nombreux du Rand (district d'Heidelberg, etc.), il s'est développé ainsi, évidemment par métamorphisme, du mica blanc secondaire assez abondant, dont on constate au microscope la présence relativement fréquente dans tous les minerais de la région (Voir notamment l'échantillon 1492-4 provenant de la Robinson, où un galet de quartz est ainsi enveloppé de mica.)

de divers essais infructueux, comme sans aucune valeur réelle, se prolongent sur de très grandes étendues.

On songe d'ailleurs à utiliser au Rip les conditions spéciales d'horizontalité du reef pour étudier un projet d'exploitation à ciel ouvert, et l'on va commencer un broyage à sec qui, avec ces minerais d'affleurement à gros galets très distincts de leur gangue, paraît, au moins comme principe, assez rationnel.

Dans ce groupe du Champ d'Or, du French Rand et de Rip, il existe d'assez nombreuses failles transversales N.-E., parfois accompagnées de dykes, et quelques accidents longitudinaux.

Au delà du French Rand et de Greys Mynpacht, on rencontre, dans les exploitations, comme nous l'avons dit déjà, une lacune importante, correspondant à peu près certainement à l'existence d'une grande faille qui rejette les couches vers le sud d'environ 4 kilomètres; après quoi l'on entre, avec la région de Roodeport, dans la grande zone d'affleurements à peu près continue, que nous allons pouvoir suivre désormais presque sans interruption, jusqu'à Bocksburg, et même jusqu'à Modderfontein.

Cette région de Roodeport comprend, comme mines en activité, de l'ouest à l'est, Princess Estate, Durban Roodeport, Roodeport United Main-Reef, Kimberley Roodeport et Vogelstruis (*). Laissant de côté Princess Estate et Kimberley Roodeport, que nous n'avons pas visitées, nous allons indiquer l'allure des terrains dans les autres mines.

Les deux Compagnies de **Durban Roodeport** et de **Roodeport United Main-Reef** sont très enchevêtrées l'une dans l'autre. Le long de l'affleurement, on a, de l'Ouest à l'Est : d'abord l'United M.-R. avec son bloc 3 et un bloc Evelyn (**);

(*) Il existe, en outre, la Roodeport central fondée en 1893 et la Durban Roodeport deep, qui n'en sont encore qu'à la période préparatoire.

(**) L'Evelyn est une concession autrefois distincte, qui a été englobée récemment dans l'United Main-Reef.

puis la Durban Roodeport avec son bloc 2 ; l'United avec ses blocs 1, 2 et Evelyn ; enfin la Durban Roodeport avec un bloc 1.

Dans tout ce district, le reef principal, et que l'on a presque exclusivement exploité jusqu'ici, est le South reef, qui se présente avec des caractères très particuliers, sous forme d'une veine extrêmement mince, mais aussi fort riche ; en même temps, le gisement est souvent d'une plateur extrême, parfois presque horizontal. Le Main-Reef n'a commencé à être exploité que tout à fait dans ces derniers temps.

La coupe complète présente à Durban Roodeport (de bas en haut) :

Main-Reef	1m,60 à 2m,30
Bancs de grès quartzite avec plusieurs petits bancs de conglomérat sans valeur	30 à 50 mètres.
South reef	0,05 à 0,15
Quartzite stérile	4 à 25 mètres.
Conglomérat pauvre inexploité	0,10 à 0,30

Commençons par le mur du gisement, c'est-à-dire par le *Main-Reef* et suivons-le d'un bout à l'autre de ce groupe d'exploitation.

A l'ouest, dans le bloc n° 3 de l'United, ce banc n'a été atteint qu'au septième niveau et on l'a exploité seulement depuis le début de 1893. Il a, là, environ 1m,20 d'épaisseur, y compris un banc de grès stérile au milieu. C'est un poudingue à gros galets réguliers où, par un fait très exceptionnel dans le Main-Reef, nous avons pu constater la présence d'énormes galets de quartzite blanc (*). D'après un essai qui a été fait sur 20.000 tonnes de ce minerai, le rendement en or serait de 9 grammes sur les plaques d'amalgamation, 12 à 14 en tout (**).

(*) Échantillon 1454-10.

(**) On sait que, pour extraire l'or des minerais du Witwatersrand, on commence par les broyer sous des pilons et les faire passer sur des

Dans le bloc n° 2 de Durban, le Main-Reef a été seulement reconnu par un court traçage au sixième niveau. Dans les blocs 2 et 1 de l'United, il n'a même pas encore été recoupé. Mais, dans le bloc 1 de Durban Roodeport (dont le bloc 1 de l'United est, en partie, le deep level), le Main-Reef devient, au contraire, très riche, et est l'élément principal de l'exploitation.

Ce Main-Reef, dont la pente est, là, beaucoup plus forte que dans l'ouest (jusqu'à 45°), présente une épaisseur de $1^m,60$ à $2^m,30$, très homogène, sans grès intermédiaire, avec de gros galets ronds ayant parfois 2 à 3 centimètres de diamètre. Contrairement à ce que nous verrons un peu plus loin, à Vogelstruis, la partie la plus riche est à la base. Le Main-Reef présente, dans ce quartier de la mine, de nombreuses et grosses veines de quartz stérile qui semblent coupées au mur. La teneur pratique est de 13 grammes aux plaques, et 5 à la cyanuration, soit 18 en tout.

Enfin, à Vogelstruis, les travaux sérieux ne datent que d'un an; l'affleurement du Main-Reef est reconnu sur une grande longueur; le reef a $1^m,20$ à $1^m,50$; il est assez homogène et à gros galets, avec une veine particulièrement riche au toit, veine de $0^m,15$, parfois séparée du reste par un peu de grès et jouant en conséquence le rôle du Main-Reef Leader dans le centre du Rand. On annonce, d'après les essais, un rendement total de 12 à 15 grammes.

Du Main-Reef au South reef, la distance horizontale

---

plaques de cuivre amalgamé qui retiennent une certaine proportion de l'or: le reste (résidus ou tailings), après ou sans concentration, est traité par le cyanure de potassium qui dissout une certaine proportion de l'or restant. En moyenne, l'amalgamation retire 64 p. 100 de l'or contenu dans le minerai; c'est ce qu'on appelle le rendement aux plaques (ou mill yield); la cyanuration, en extrait, de plus, 20 p. 100 et, jusqu'ici, on n'arrive pas encore à obtenir le reste.

est de 40 mètres dans le bloc ouest de l'United, de 55 mètres dans le bloc 2 de Durban.

Le *South reef* présente, dans cette région, des caractères assez constants d'une mine à l'autre.

Il est, presque toujours, extrêmement mince : 0m,04 à 0m,06 d'épaisseur (bien que, dans l'exploitation, on soit amené à prendre au moins 0m,70), et arrive parfois à former un simple cordon de galets, ce qui est considéré comme un indice de richesse. On admet généralement qu'il est d'autant plus pauvre (même comme teneur absolue) qu'il s'élargit davantage. D'autre part, on préfère les points où le cordon des galets du South reef est nettement distinct des grès encaissants (qui sont les mêmes au toit et au mur), plutôt que ceux où il semble se fondre progressivement avec eux. On regarde enfin comme un bon indice la présence d'un joint savonneux avec taches de rouille sous le reef. En ce qui concerne les taches de rouille, l'explication en est bien simple, puisqu'elles correspondent à l'abondance des pyrites, qui elles-mêmes englobent l'or ; quant au joint savonneux, qui joue le rôle d'une salbande et résulte sans doute d'une friction mécanique, son action enrichissante, si elle est réelle, peut être du même ordre que celle que nous attribuerons au contact d'une couche schisteuse, c'est-à-dire correspondre à un plan naturel de circulation des eaux.

La minceur du reef et l'existence à son mur d'une série de petits reefs analogues, mais pauvres, entraînent des confusions fréquentes dans les travaux. Ce minerai est tellement difficile à reconnaitre dans la mine de la roche encaissante que l'on est amené à sortir au dehors, pour la trier seulement à la clarté du jour, toute la roche abattue sur 0m,70 de haut dans les chantiers.

La coupe du South reef est, par exemple, la suivante, de haut en bas, au cinquième niveau est du bloc 2 de Durban Roodeport, c'est-à-dire dans l'ouest de l'ensemble de concessions que nous étudions :

Délit schisteux micacé non constant.	
Grès..	0^m,60
Lit à galets aplatis se fondant avec le grès du dessus, tenant parfois jusqu'à 300 gr. d'or à la tonne sur 3 à 4 cent. d'épaisseur.............	0^m,04
Banc de grès tenant parfois un peu d'or	0^m,05 à 0^m,20
Joint argileux discontinu.	

Dans quelques cas, les galets, qui définissent le South reef, au lieu de se localiser en un simple cordon, se disséminent sur 0^m,10 à 0^m,12 d'épaisseur (tout l'or étant en bas); ailleurs encore on a, au-dessus du reef riche, un lit de conglomérat semblable, mais pauvre, de 0^m,08 d'épaisseur, séparé par 0^m,10 de grès du lit riche.

On trouve, en certains points de la mine, notamment au septième niveau ouest, des veines de quartz à éponte micacée, qu'il faut sans doute considérer comme des veines de sécrétion.

Plus à l'Est, dans la mine Est de l'United Main-Reef (blocs 1 et 2), on exploite également comme South reef, sur 0^m,60 à 0^m,80 de haut, un grès avec quelques galets disséminés, à la base duquel se trouve un lit mince de conglomérat (footwall leader) à petits galets de 2 à 3 centimètres très rapprochés, sans beaucoup de pyrite. La plus grande partie du grès passe avec le conglomérat aux pilons; car elle contient aussi un peu d'or ; mais on estime que 70 p. 100 de l'or au moins viennent du conglomérat de la base.

On observe parfois, au toit de ce conglomérat, une veine quartzeux avec de la chlorite verte.

Il est à noter qu'à 3 mètres environ de part et d'autre de ce reef il existe deux autres reefs presque identiques d'aspect, mais pauvres, avec lesquels il est facile de le confondre. Peut-être ces trois reefs minces correspondent-ils aux trois veines dans lesquelles se divise habituellement, comme nous le verrons, le South reef dans le centre du Rand et surtout dans l'est, par exemple à Modderfontein.

Quand on arrive vers l'est, au bloc 1 de Durban Roodeport, le South reef, en conservant les mêmes caractères, mais avec une certaine tendance à s'élargir, s'appauvrit.

Enfin, à Vogelstruis, le South reef repose, comme à Durban Roodeport, sur un délit argileux, véritable salbande, au-dessus de laquelle est le cordon de galets (d'autant plus riche qu'il est plus mince et les galets plus gros), qui parfois disparaît, tandis que ce délit subsiste comme fil conducteur.

Quelques chiffres donneront une idée de la façon dont la pente des couches varie dans le groupe de concessions que nous venons d'examiner.

Dans le bloc ouest de l'United, la pente est ordinairement de 25°, sans vraie plateur de ce côté, mais très accidentée et coupée par de petites failles.

Dans le bloc 2 de Durban, la pente est de 21° à l'ouest, de 33° à l'est, avec des plateurs absolues et des gondolements.

Dans le bloc est de l'United, de même, le reef affecte la forme d'une surface gondolée presque horizontale avec des sortes de vagues et parfois de brisures, arrivant par endroits à une inclinaison de 30°, et ailleurs descendant à zéro.

Le bloc est de Durban Roodeport présente une inclinaison assez forte, d'environ 45°, avec une certaine complication de failles dans l'ouest.

Plus à l'est, sur la concession Vogelstruis, la pente est, à l'ouest, à l'affleurement, de 70° sur l'horizontale ; au centre, elle se réduit à 45° jusqu'à 100 mètres de profondeur, où elle tombe à environ 30° (plus faible qu'à Durban Roodeport) ; enfin, vers l'est, elle continue à s'aplatir. La région de Kimberley Roodeport est assez fortement faillée ; vers Vogelstruis, la régularité paraît, au contraire, assez grande, sauf un gros dyke et quelques petites failles à l'est.

Au delà de Vogelstruis, la série du Main-Reef se continue par Bantjes, Aurora, Main-Reef, Nabob, Anglo-Tharsis, Langlaagte Star, Crœsus, Langlaagte Block B, United Langlaagte, Paarl Central, Langlaagte Royal, jusqu'à Langlaagte Etate, en traversant une zone que tous les travaux faits jusqu'ici ont conduit à considérer comme pauvre et où, par suite, des exploitations restreintes, telles qu'on les a organisées dans les premiers temps de l'industrie du Transvaal, n'ont donné que de très médiocres résultats. Les seules chances éventuelles de succès avec les minerais pauvres sont, en effet, dans une exploitation intensive faite sur de grandes étendues avec de fortes batteries et des frais généraux réduits. Les mines que nous avons visitées dans cette zone sont celles de Main-Reef, Crœsus et Langlaagte Royal.

D'une façon générale, on peut dire que, dans cette région, le Main-Reef et le Main-Reef Leader paraissent à peu près inexploitables ; seul le South Reef peut donner certains résultats.

Si l'on commence par l'Ouest, la concession de **Main-Reef** est divisée en deux parties : l'une à l'Ouest, sur laquelle portent des travaux peu fructueux ; l'autre, à l'Est, où le South Reef était plus riche, mais s'est trouvé rejeté en profondeur par tout un systeme de failles N.-E.

Sur la **New Crœsus**, où les travaux ont pris récemment un grand développement, en même temps qu'on installait une batterie considérable (60 pilons prêts, 60 devant fonctionner en mars 1896), on peut mieux étudier le caractère des reefs, et nous avons été très frappé, le hasard nous ayant conduit le même jour dans cette mine et dans une autre située à l'autre extrémité du Rand, la Henry Nourse, de voir combien, richesse à part, les caractères minéralogiques étaient comparables dans les deux mines : ce qui est conforme avec l'idée émise plus haut, qu'il ést peut-être possible de suivre le faisceau des couches d'un bout à l'autre du Rand.

A la New Crœsus, la série des reefs comprend, du nord au sud : Main-Reef et Main-Reef Leader juxtaposés, comme cela leur arrive souvent ; Middle Reef sans valeur à 5 mètres du Main-Reef et South Reef. La pente moyenne est, dans les niveaux supérieurs, de 39°.

Le Main-Reef, formé, comme toujours, de galets assez réguliers, gros comme des noix, a de 1ᵐ,50 à 2ᵐ,50 d'épaisseur, y compris quelques bancs de grès intercalés et est séparé seulement du Main-Reef Leader par un très mince joint gréseux de 0ᵐ,15 à 0ᵐ,20 d'épaisseur, qui parfois disparaît ; ce leader, à galets plus gros et plus irréguliers, a lui-même une épaisseur de 0ᵐ,10 à 0ᵐ,30. La teneur des Main-Reef et Main-Reef Leader confondus est très variable ; sur de longues zones, la teneur aux essais est de moins de 9 grammes, et, par suite, le minerai est inexploitable ; mais il y a également des massifs où elle se maintient à 23 grammes. La partie riche se trouve souvent au mur.

Le South Reef se divise volontiers en trois veines réparties sur 1 mètre de large, en sorte qu'on abat le tout pour faire seulement à la surface un triage sommaire.

La veine du toit, ou Main Body, a environ 0ᵐ,25 d'épaisseur, parfois 0ᵐ,30 à 0ᵐ,50.

La veine du milieu est presque toujours pauvre.

Enfin la veine riche est celle du bas, qui a une épaisseur de 0ᵐ,02 à 0ᵐ,18. Ce dernier leader ne contient parfois que de très rares galets et tend à se confondre alors avec les grès encaissants, comme cela arrive également à l'extrémité est du Rand, à Modderfontein. Il est d'une teinte particulièrement foncée et contient souvent des galets de quartzite fin d'un noir mat fréquemment anguleux.

La teneur y est extrêmement irrégulière ; elle peut s'élever à 300 grammes sur une épaisseur de $0^m,07$ à $0^m,12$, et il arrive qu'on y constate la présence de l'or visible ; mais, en moyenne, la teneur des minerais de la Crœsus est assez pauvre et ne doit pas dépasser, comme rendement industriel, 12 à 14 grammes.

Les couches, dans cette mine, sont généralement régulières et peu disloquées ; il existe toutefois, dans l'est, un gros dyke de porphyrite de 25 à 30 mètres de large, ne rejetant pas les couches, avec un petit dyke qui s'en détache latéralement à l'ouest.

A **Langlaagte Royal**, les reefs sont les mêmes et également pauvres, mais, en outre, très disloqués. La pente est d'environ 42° dans les niveaux supérieurs. Le Main-Reef, avec Main-Reef Leader associé, a de 1 mètre à 5 mètres d'épaisseur ; dans les premiers niveaux, l'or s'y trouvait surtout au toit, dans le Leader, comme c'est l'habitude au centre du Rand ; dans les niveaux inférieurs, il se trouverait plutôt à la base. En raison de cette irrégularité dans la distribution de l'or, on est amené à faire, en chaque point, des essais pour déterminer où se trouve la partie la plus riche du reef et à prendre, sur cette partie, environ 1 mètre d'épaisseur, hauteur nécessaire pour les travaux.

Ce Main-Reef a tantôt son aspect habituel avec galets de même grosseur moyenne, régulièrement distribués ; tantôt, au contraire, les galets sont irréguliers, gros par endroits et assez disséminés. En le suivant, par exemple, au septième niveau ouest, on le trouvera, à un endroit, large de $0^m,35$ avec une même veine riche de teinte sombre à la base, un peu plus loin atteignant $2^m,30$ d'épaisseur, puis réduit à zéro.

Le South Reef se compose, en général, d'un mince lit de galets de 8 centimètres, correspondant à la veine du mur de la Crœsus et surmonté de quartzite noir, dans lequel on retrouve un cordon discontinu (Stringer) de galets disséminés. Après avoir donné de bons résultats jusqu'au cinquième niveau, ce South Reef s'est fort appauvri et, le manque de travaux de traçage préalables n'ayant pas permis d'augmenter sa teneur par mélange avec des minerais riches provenant d'autres chantiers, on a dû arrêter la batterie.

Après la Langlaagte Estate, nous entrons dans la zone riche du centre du Rand : Crown reef, Johannesburg Pioneer et Bonanza, Robinson, Worcester, Ferreira, Wemmer, Salisbury, Jubilee, Village Main-Reef, City and Suburban, Meyer and Charlton, Wolhuter, Spes-Bona, George Goch et Metropolitan, Henry Nourse, New Heriot, Jumpers, Treasury, Geldenhuis Estate, Simmer and Jack, etc. Nous avons visité toutes ces mines, à l'exception de la Worcester, de la Meyer and Charlton, de la Spes-Bona et de la Treasury qui, encadrées entre des mines bien connues, n'auraient rien eu de plus à nous apprendre sur l'allure générale des gisements, et nous allons les décrire de l'ouest à l'est, dans l'ordre où nous venons de les énumérer, en passant parfois rapidement sur certaines des plus fameuses, Crown reef, Robinson, Ferreira, etc., que tous les visiteurs successifs s'accordent généralement à décrire et qui, par suite, ont déjà été ailleurs suffisamment étudiées.

A la **Crown Reef**, le Main-Reef, d'une épaisseur de 3 à 4 mètres, est encore, comme à Langlaagte, contigu au Main-Reef Leader, qui parfois n'en est même pas séparé par un nerf de grès; mais, au point de vue industriel et pratique, on l'en distingue soigneusement ; car ce leader, qui peut avoir environ $0^{m},40$ d'épaisseur, tient 30 grammes d'or aux essais, tandis que le Main-Reef, dans les nombreux points où l'on a atteint, semble si pauvre (6 à 7 grammes en général) qu'on ne l'exploite presque jamais.

Entre le Main-Reef et le South Reef, un Middle Reef, donnant 5 à 6 grammes, est inexploité.

Le South Reef, séparé du Main-Reef Leader par 30 mètres de quartzite, est divisé en plusieurs cordons de galets, remarquables par leur aplatissement et répartis sur une hauteur totale de 2 mètres. La partie la plus riche est, comme toujours, à la base. Par un phénomène que nous retrouverons fréquemment, il existe, au mur de ce reef, sur 60 mètres de long, une veine de quartz de $0^m,15$ de large.

Au point de vue de l'allure des couches, cette mine présente deux faits très caractéristiques : un grand dyke longitudinal, comme nous en rencontrerons plusieurs autres exemples dans le Rand (Ferreira, East Rand, etc.), traversé par les travaux au cinquième niveau, et un bloc central compris entre deux failles, rabaissé par rapport au reste.

Les caractères des reefs semblent en partie se prolonger, au sud, sur la **Crown Deep**, où ils participent peut-être également en partie de ceux que nous trouverons plus loin dans la Robinson.

A la **Bonanza** (mine toute nouvelle, commencée seulement en mai 1894), le Main-Reef, dont l'épaisseur va de $0^m,60$ à 5 mètres — souvent avec banc de grès intermédiaire — ne paraît, comme dans la plupart des mines, exploitable que par tronçons. Il n'est quelquefois qu'à $0^m,70$ du Main-Reef Leader, dont ailleurs il s'éloigne à $1^m,50$.

Le Main-Reef Leader, encore peu mis à découvert par les traçages, est parfois très riche : ainsi, au troisième niveau ouest, 45 grammes sur 1 mètre d'épaisseur.

Entre le Main-Reef Leader et le South reef, qui constitue la principale richesse de la mine, la distance est d'environ 50 mètres. On attribue à ce dernier banc de conglomérat une épaisseur de $1^m,20$, mais en y comprenant, en réalité, des bancs de grès intermédiaires; ainsi, au troisième niveau, qui est de beaucoup le plus riche et, par suite, celui où les chantiers d'abatage ont été le plus activement poussés, on a :

Conglomérat	0,60
Grès	0,20
Conglomérat riche tenant 60 grammes d'or	0,06
Grès	0,10
Conglomérat aurifère à 10 grammes	0,06

Ce sont là, sans doute, les trois veines de conglomérat aurifère que nous retrouvons un peu partout dans le South reef. Par un phénomène beaucoup plus général qu'on ne le croit, mais intéressant à noter de temps à autre, on voit, sur un intervalle assez restreint, l'épaisseur des bancs de grès intermédiaires augmenter ou diminuer dans des proportions considérables; il arrive aussi que, ces grès disparaissant presque, on ait un conglomérat aurifère sur près de $2^{m},50$.

En outre de ces reefs utilisables on rencontre des reefs secondaires sans valeur, dits bastard reefs, au toit et au mur du South reef.

Les dykes et failles sont assez nombreux ici comme dans toute la partie centrale du Rand.

La **Robinson** est la mine du Rand la plus anciennement connue pour la richesse de ces minerais et, point intéressant, les niveaux les plus profonds, auxquels on est arrivé aujourd'hui, semblent avoir atteint une zone particulièrement riche; ce dont il ne faudrait pas conclure, bien entendu, qu'il existe une loi d'enrichissement en profondeur, mais ce qui prouve, tout au moins, qu'il n'en existe pas une d'appauvrissement.

C'est une des mines où le Main-Reef est le plus activement exploité. On le prend généralement en même temps que le Main-Reef leader, qui en est éloigné de 1 à 2 mètres. Au-dessous de ce Leader se trouve une salbande argileuse, séparée de lui par un peu de grès. Le Leader lui-même a jusqu'à $1^{m},20$ d'épaisseur.

Le South reef a une largeur qui peut varier dans un même niveau (au huitième) de $0^{m},12$ à $1^{m},20$.

A la **Ferreira**, pendant longtemps, on n'a exploité uniquement que le South reef, couche la plus riche dans toute cette partie centrale ; mais, depuis quelque temps, on a attaqué activement le Main-Reef Leader et, peu à peu, on se met aussi au Main-Reef.

Le Main-Reef Leader et le Main-Reef, parfois séparés par un simple joint, le sont ailleurs par un intervalle stérile de $0^{m},30$ à $0^{m},60$.

Le South reef est formé de deux bancs de conglomérat, dont le plus riche est à la base, séparés par un grès qu'on avait toujours trié et rejeté comme stérile, jusqu'au jour assez récent où l'on s'est aperçu qu'il pouvait contenir parfois jusqu'à 25 grammes d'or.

Quand on étudie les variations des teneurs moyennes à divers niveaux, calculées d'après les résultats de l'exploitation en ces dernières années, on constate qu'elles n'obéissent à aucune loi ni d'appauvrissement ni d'enrichissement progressif en profondeur : notamment le 10e niveau du South reef a été jusqu'ici le plus riche de tous.

A la **Wemmer**, l'intervalle entre le Main-Reef Leader et le Main-Reef qui, en somme, était presque toujours insignifiant dans les mines situées plus à l'ouest, tend à s'accroître fortement ; le changement se produit assez brusquement suivant une grande faille située à l'est de la Ferreira.

On retrouve, d'ailleurs, dans les reefs, des variations d'épaisseur comparables : au huitième niveau ouest, le South reef passe, en quelques mètres, de $0^{m}.03$ (avec des teneurs allant jusqu'à 3 kilogr. d'or à la tonne) à 1^m,20.

Le Main-Reef de la Wemmer est généralement considéré comme pauvre et non payant (teneur aux essais : de 4 à 15 grammes).

Le Main-Reef Leader a souvent des masses de galets ronds, blancs laiteux, avec peu de pâte dans l'intervalle ; parfois aussi, il prend l'aspect du South reef, qui est caractérisé par ses quartz aplatis et comme laminés.

La coupe ci-dessous (*fig.* 4) montre la disposition du South reef au 8e niveau ouest et fait, en même temps, ressortir un fait intéressant sur lequel nous aurons à revenir : c'est l'existence, dans ces couches, de pyrite nettement stratifiée.

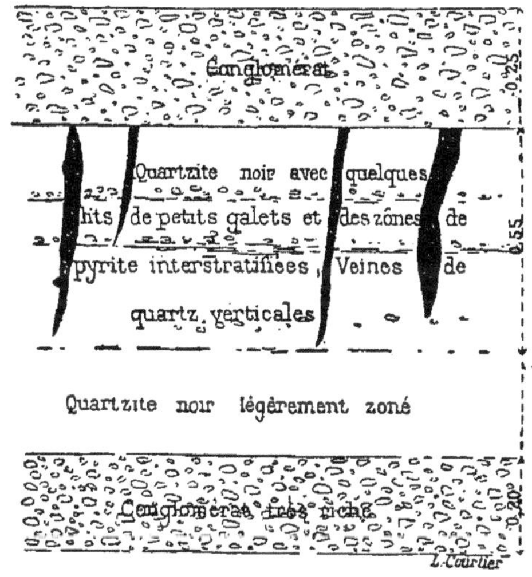

FIG. 4.

Coupe verticale du South reef au huitième niveau ouest, mine Wemmer (près d'un point où le reef présente de la pyrite nettement stratifiée).

Dans la **Salisbury**, le Main-Reef et son Leader sont, comme dans la Wemmer, séparés par un intervalle de quartzite qui atteint 18 à 20 mètres. Le Main-Reef, inexploité jusqu'ici, paraît avoir environ 1^m,30 d'épaisseur avec du grès au milieu. Il est, au cinquième niveau, suivi par une longue veine de quartz de 0^m,08 à 0^m,10.

Le Main-Reef Leader donne, d'après les exploitants, les teneurs moyennes suivantes :

	Épaisseur.	Grammes.
3e niveau (*)	0m,25	87,90
4e —	0m,40	64,55
5e —	0m,21	81,80
6e —	0m,33	45,45

La distance du Main-Reef Leader au South reef est, au sixième niveau, de 25 mètres horizontalement.

Quant au South reef, il comprend généralement deux bonnes parties : l'une au mur, l'autre au toit, le foot-wall leader de 0m,30 d'épaisseur et le hanging leader de 0m,16, séparés par un banc de quartzite qui atteint 1 mètre au huitième. Comme d'habitude, le reef du mur est le plus riche.

L'aspect général de ce reef est très sombre : les galets y sont rares et disséminés, même dans les parties très riches.

Les teneurs moyennes sont, sur le South reef, les suivantes :

	Épaisseur.	Grammes.
3e niveau	0m,18	195,30
4e —	0m,30	56,25
5e —	0m,38	23,25
6e —	0m,52	76,15
7e —	0m,33	82,80
8e —	0m,61	42,30

On peut constater, sur ce tableau, dans quelle mesure est exacte la théorie suivant laquelle un reef est d'autant plus riche qu'il est plus étroit, et réciproquement : à l'épaisseur la plus faible, 0m,18, correspond, il est vrai, la teneur

(*) Les niveaux sont généralement distants de 30 mètres (100 pieds) suivant la pente du reef, soit 15 à 25 mètres suivant la verticale.

maxima 195gr,30; à la plus forte, 0m,61, la teneur minima 42gr,30, mais la loi ne s'applique plus aux autres niveaux; de même, dans le Main-Reef Leader, aux deux épaisseurs faibles 0m,21 et 0m,25 correspondent les fortes teneurs 81gr,80 et 87gr,90, sans qu'il faille chercher dans l'application une rigueur plus grande (*).

La pente des reefs est ici de 80° à la surface, 55° à 188 mètres de profondeur verticale, 42° à 283 mètres.

En passant de la Salisbury à la **Jubilee**, on traverse une faille importante; aussitôt à l'est de cette faille, le Main-Reef et le Main-Reef Leader, qui s'étaient séparés jusqu'à 18 mètres l'un de l'autre sur la Wemmer et la Salisbury, se rejoignent de nouveau: ce qui constitue pour l'exploitation une circonstance favorable, puisque le Main-Reef peut alors être abattu avec beaucoup moins de frais.

Le Main-Reef a, dans la Jubilee, une épaisseur considérable de 4 à 5 mètres, parfois 8 mètres, avec une teneur faible qui n'est guère que de 7 à 9 grammes aux essais; mais il ne faut pas s'imaginer que cette épaisseur totale est formée exclusivement d'un même banc de conglomérat, comme on pourrait le supposer pour toutes les mines du Rand si l'on se contentait de lire les rapports de leurs directeurs: il y a toujours, au milieu, des intercalations gréseuses et surtout un banc de grès, qui dépasse, en général, 0m,40 d'épaisseur. La partie la plus riche est à la base.

Le Main-Reef Leader qui, dans cette mine, est le plus riche, a en moyenne 1 mètre; parfois, il est séparé en deux bancs de 0m,15 chacun, par un banc de quartzite de 0m,50 d'épaisseur.

A sa base se trouve un délit argileux, ou salbande, contenant une veinule de quartz.

(*) C'est ce qui ressort encore plus nettement de l'examen d'un plan d'essai, tel que celui reproduit sur la Planche VI.

Le South reef a une épaisseur de 0^{m},30 à 3 mètres, avec une teneur habituelle de 18 à 21 grammes, allant par endroits à 60 grammes.

La **Village Main-Reef** exploite le deep level des Compagnies de Wemmer, Salisbury, Jubilee, City and Suburban, et les reefs y ont, par suite, des caractères analogues.

On peut noter que le Main-Reef et le Main-Reef Leader y sont, comme à la Jubilee, généralement rapprochés l'un de l'autre.

Un autre fait intéressant, c'est l'existence, au mur du Main-Reef Leader, d'un mince délit argileux avec veinule de quartz intercalée, que nous venons déjà de rencontrer dans la même position à la Jubilee et qui, plus à l'est, se prolonge à la City and Suburban.

Un délit semblable, à la Wemmer, contient, dans la veinule de quartz en question, des traces de galène, blende et pyrite de cuivre ; c'est, d'ailleurs, généralement dans de semblables veines de sécrétion que l'on trouve au Witwatersrand, des substances métalliques en cristaux de dimensions un peu considérables.

Fig. 5.

Coupe transversale au deuxième niveau Est de la Village-Main-Reef.

Nous donnons ci-joint (*fig.* 5) une coupe prise au deuxième niveau est ; mais, comme dans toutes les mines, les dimensions sont très variables d'un point à l'autre.

Le Bastard reef, qui figure sur cette coupe, est un reef à très petits galets, de 0^{m},30 à 0^{m},60 de large, qu'on retrouve dans la plupart des autres mines et qui est toujours inexploitable.

Quant au South reef, sa coupe au quatrième niveau ouest, très analogue à ce que nous avons vu à la Salisbury, est la suivante :

Banc à petits galets, peu riche..............	0^m,25
Grès quartzite stérile......................	0 ,30
Conglomérat à gros galets blancs très riche (jusqu'à 600 grammes d'or à la tonne)...	0 ,08

Ce grès stérile intermédiaire renferme parfois un cordon de galets très disséminés, qui correspond à la troisième des veines, que nous avons rencontrées dans le South reef des mines de l'ouest ; il y apparaît, en même temps que les galets, un peu de pyrite et une certaine proportion d'or.

A la **City and Suburban**, le Main-Reef Leader prend une épaisseur que nous ne lui avons pas trouvée jusqu'ici, et devient, en même temps, plus pauvre. On peut le voir, au quatrième niveau ouest, formé, en réalité, de 2 à 3 mètres de quartzite avec des lits de galets tout à fait fondus dans la masse ; quelques mètres plus loin, il se réduit à un mètre ; en approchant du puits ouest, les galets s'accumulent dans un banc de 0^m,70, galets très rapprochés, blanc laiteux, bleutés ou presque noirs.

Le Main-Reef Leader renferme souvent des délits ou veines d'argile schisteuse, qui doivent correspondre à des phénomènes de glissement mécanique ; le plus important se trouve au mur du Leader : c'est celui que nous avons déjà rencontré à la Jubilee et à la Village et qui contient, comme dans cette dernière mine, suivant son axe, une veine de quartz blanc de 0^m,25 d'épaisseur, renfermant des sulfures cristallisés avec un peu d'or. Il n'est pas absolument continu, mais très fréquent.

La contiguité du Main-Reef et de son leader (tous les deux presque identiques d'aspect) donne ici des facilités spéciales pour prendre le Main-Reef, dont la teneur est faible (9 grammes seulement en moyenne). Au sixième niveau, ce Main-Reef présente la coupe représentée par la figure 6 ci-dessous.

Le South reef, distant du Main-Reef Leader de 25 mètres (suivant l'horizontale), présente, comme toujours, des galets plus irréguliers, plus gros et souvent très aplatis. Son épaisseur peut aller de 0^{m},30 à 1 mètre; mais, quand il s'élargit, on voit généralement apparaître, au milieu, un banc de grès de 0^{m},80 environ, qui le divise en deux couches de conglomérats, dont la plus riche est celle du mur.

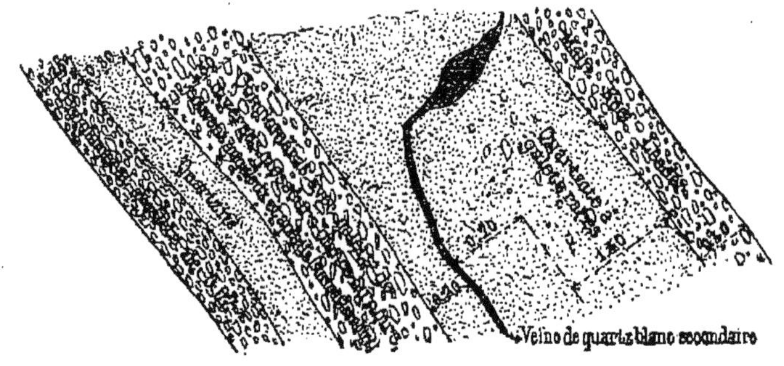

Fig. 6.
Coupe du Main-Reef et du Main-Reef Leader au sixième niveau de la City and Suburban.

Entre le Main-Reef Leader et le South reef, les travers-bancs recoupent toujours une série de petits conglomérats non exploitables, dont l'un, nommé middle reef (à très petits galets), contient assez fréquemment 6 grammes d'or.

A la **Wolhuter**, le Main-Reef, formé de plusieurs bancs de conglomérats voisins avec joints gréseux, n'est exploité qu'accessoirement, soit quand il est assez près du Main-Reef Leader pour pouvoir être pris en même temps sans frais de broyage spéciaux, soit quand sa partie inférieure se charge de gros galets et constitue alors un reef riche, qui porte le nom local de North reef. Ce North reef, dont on n'a reconnu l'existence que tout récemment et par hasard, se présente par exemple, au quatrième niveau ouest, avec de gros galets de 3 à 4 centimètres et une teneur de 150 à 170 grammes.

Le Main-Reef Leader se réduit parfois à 0^m,10, ailleurs à 0^m,20 ; dans l'est de la mine, il est souvent tout à fait contigu au Main-Reef et séparé de lui par 0^m,15 à 0^m,20 de grès, sans délit argileux intermédiaire; pourtant cette salbande argileuse que nous avons signalée comme caractéristique à la City, à la Village et à la Jubilee, apparaît en quelques points. Mais, dans une grande partie de la mine, on rencontre, à la place où elle devait se trouver, c'est-à-dire entre le Main-Reef et son Leader, un grand dyke de forme très irrégulière, qui aura profité de la même dislocation mécanique pour s'introduire à cette place.

Le South reef, dans cette mine, est généralement très mince (entre 0^m,03 et 0^m,10) et très riche : ainsi, au cinquième niveau, l'avancement du mois d'avril a donné une épaisseur moyenne de 0^m,06 avec 115 grammes d'or.

Comme dans la plupart des autres mines, on a, entre le Main-Reef et le South reef, plusieurs cordons de galets formant des reefs bâtards inexploités : l'un des plus caractérisés est à 0^m,15 du mur du South reef, sous forme d'un grès à galets disséminés, tenant 2 à 3 grammes d'or ; à 2 mètres au toit du même reef, un autre a une épaisseur de 0^m,40 à 1 mètre.

A la **George Goch** et à la **Metropolitan**, on voit apparaître, à 10 ou 15 mètres au nord du Main-Reef, un nouveau reef, appelé North reef, qui joue par endroits un rôle important. Ce North reef, au troisième niveau ouest de la George Goch, est très épais et présente la coupe suivante :

Quartzite	0,10	1 mètre.
Conglomérat	0,10	
Quartzite	0,15	
Conglomérat	0,08	
Quartzite	0,30	
Lit de galets épais	0,03	

Le Main-Reef, et ce que l'on considère comme le Main-Reef Leader, sont ici tout à fait juxtaposés et identiques, en sorte que le prétendu North reef est peut-être le Main-Reef et le prétendu Main-Reef le Main-Reef Leader ; cependant il est à noter que le reef, qualifié de Main-Reef, présente bien la structure et, en même temps, la pauvreté habituelles.

Le South reef, beaucoup plus épais ici qu'à la Wolhuter et à la City, a de 1 à 2 mètres d'épaisseur ; il comprend fréquemment deux bancs de conglomérat (dont le plus riche au mur) avec $0^m,80$ de grès dans l'intervalle ; parfois il est assez confus ; d'autres fois, il a des veines de galets bien nettes ; on y retrouve un caractère assez habituel dans le South reef de la partie tout à fait centrale du Rand : la fréquence des galets aplatis ; d'autres sont plus arrondis, mais craquelés. C'est, comme toujours, le reef le plus riche.

Le peu de développement des travaux dans ces deux mines, qui viennent de se fusionner tout récemment pour pouvoir organiser leur exploitation plus en grand et l'existence de plusieurs rejets, dont l'un sépare les reefs de la Metropolitan de ceux de la Henri Nourse, rendent les assimilations difficiles et douteuses.

A la **Henri Nourse,** les couches deviennent presque verticales et prennent, par suite, une allure tout à fait spéciale.

Les reefs reconnus sont : le Main-Reef qu'on n'exploite pas, le Main-Reef Leader (qualifié de middle reef) et le South reef (à 8 mètres du Leader), qui est le plus riche des trois.

Le Main-Reef Leader est très irrégulier, de $0^m,03$ à $0^m,40$; on admet une moyenne de $0^m,30$. Il présente parfois un caractère assez spécial : les galets étant moins soudés à la pâte, faisant moins corps avec elle que dans le South reef, il arrive que, dans la cassure du conglomérat, au lieu d'avoir une surface plane comme cela arrive toujours pour le South reef, les galets non brisés restent en saillie sur la pâte, dont ils se sont détachés à la rupture.

Le South reef présente un aspect en quelque sorte laminé et schisteux, surtout quand il est mince comme au troisième niveau ouest ($0^m,15$ à $0^m,25$ d'épaisseur). Ailleurs, il s'élargit jusqu'à plus de $1^m,50$ et se divise en trois veines, comme nous l'avons déjà observé à l'ouest à la Bonanza et le retrouverons à l'est, à Modderfontein.

A la **Nourse deep**, qui, par suite de l'étroitesse de la concession d'Henri Nourse, est très voisine en plan de l'affleurement, mais, en raison de la verticalité des couches, ne les recoupe néanmoins qu'à une assez grande profondeur, les caractères sont assez analogues. Le seul reef bien exploré jusqu'ici est le Main-Reef Leader (middle reef), qui a de $0^m,08$ à 1 mètre, parfois avec division en plusieurs veines et est formé de galets blancs gros environ comme des noix.

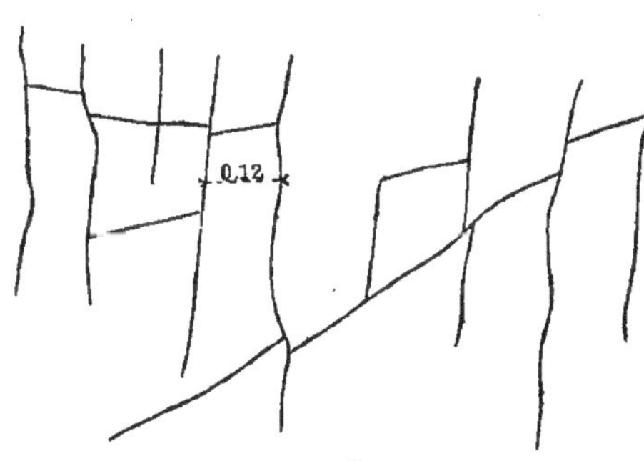

Fig. 7.

Réseau de veines de quartz secondaires dans une paroi verticale au mur du Main-Reef Leader (Nourse deep, puits 1. Niveau de 990 pieds Ouest). Echelle de $\frac{1}{20}$.

On remarque fréquemment à son mur (dans le quartier ouest du puits 1) des réseaux de veines de quartz, dont la figure 7 indique la disposition très régulière.

A la **New Heriot** (qui englobe aujourd'hui la Ruby), les couches restent, comme à la Henri Nourse, presque verticales à l'affleurement (environ 80°) ; en profondeur elles s'aplatissent à 45° ; on retrouve ici les difficultés d'assimilation des reefs que nous avons commencé à rencontrer depuis la George Goch et qui vont aller en s'accentuant vers l'est. Les reefs, par suite de leur verticalité même, sont extrêmement rapprochés dans les recoupes horizontales et, comme ils se bifurquent ou se croisent fréquemment, on a quelque peine à les suivre (d'autant plus que les études de ce genre paraissent avoir été peu soignées) (*). Un travers-bancs, fait au troisième niveau, a permis de constater l'existence de 10 reefs distincts, dont 3 ou 4 sont exploités (4 à l'ouest de ce niveau, mais peut-être simplement par suite du doublement de l'un d'eux).

Ces reefs, dont nous retrouverons la continuation dans l'est en arrivant à la Jumpers, sont, du nord au sud :

1° Un North reef, qui n'est peut-être qu'un branchement du Main-Reef et que l'on prend seulement par endroits. Ce North-Reef a parfois jusqu'à $9^m,50$ d'épaisseur ; on le trouve au premier niveau est avec $1^m,30$ d'épaisseur et une teneur allant à 18 grammes, séparé du Main-Reef par $0^m,15$ à 2 mètres de quartzite.

Puis viennent le Main-Reef avec ses caractères habituels, et deux reefs, nommés ici South reef n° 1 et South reef n° 2 : ces deux derniers très voisins l'un de l'autre, parfois presque contigus, tandis que, du Main-Reef au South reef n° 1, il y a plus de 2 mètres.

(*) Des coupes comme celles que nous reproduisons de la Simmer and Jack. (Pl. V) montrent combien, si l'on ne fait pas une étude attentive des couches, surtout dans les parties où quelque faille est venue les disloquer, on peut se tromper aisément dans les assimilations entre ces reefs qui se bifurquent, s'étranglent, s'élargissent et changent de caractères constamment.

Ce South reef est mince ($0^m,15$ à $0^m,30$) ; à sa base se trouve un joint argileux, qui tendrait à le faire assimiler au Main-Reef Leader avec sa salbande caractéristique au mur, si un semblable accident mécanique n'avait pu tout aussi bien se produire sous un autre reef ; d'autre part, il est possible que ce soit simplement une des branches du South reef, ce dernier étant généralement divisé, comme nous l'avons vu, en trois veines.

Le South reef 2 comprend : au toit, un banc de grès de $0^m,80$ avec galets laissé de côté, et, à la base, $0^m,15$ de conglomérat riche que l'on exploite.

A la **Jumpers,** on exploite le Main-Reef (appelé North reef), le Main-Reef Leader (appelé middle reef) et le South reef (appelé Main-Reef parce que, pendant longtemps, il a été à peu près le seul exploité). Cette remarque faite sur les noms locaux donnés aux couches, nous leur restituerons leurs noms habituels.

Le Main-Reef n'est riche que par tronçons ; cependant il l'est d'une façon beaucoup plus continue et plus forte que d'habitude et fournit, en comprenant le banc de grès intermédiaire, une exploitation sur 2 mètres à $2^m,50$ avec des teneurs allant de 9 à 30 grammes. Cette richesse correspond à ce fait que les galets sont là plus gros et moins réguliers que dans le Main-Reef ordinaire ; à 7 mètres du Main-Reef, le Main-Reef Leader, large de $0^m,15$ et très analogue d'aspect au South reef, a des teneurs allant à 300 grammes ; il vient à peine d'être découvert ; au cinquième niveau, il se présente avec de petits galets d'aspect chatoyants et des épontes nettes.

Enfin, à 7 mètres horizontalement du Main-Reef Leader, le South reef a 1 mètre à $1^m,30$ d'épaisseur avec des bancs de grès intermédiaires, des galets aplatis ou laminés, un aspect inhomogène qui l'identifient bien avec le South reef ordinaire. Au toit, ce reef passe à un quartzite noir à galets blancs espacés, qui occupe $0^m,10$ de haut et se transforme à son tour en quartzite habituel. Au cinquième niveau (mine de l'Ouest), on peut constater, dans la couche que nous appelons South reef, les trois veines de conglomérats ordinaires de 0m,15 chacune, réparties sur 2m,10 de haut ; ailleurs la veine centrale s'atrophie et n'est plus marquée que par un simple joint ; on a alors en coupe :

Conglomérat	0,15
Quartzite	1 mètre
Conglomérat à gros galets	0,40

La coupe complète du terrain exploré est, du haut en bas :

South reef	Conglomérat	0m,15	1m,55
	Quartzite	0 ,60	
	Conglomérat	0 ,10	
	Quartzite	0 ,50	
	Conglomérat	0 ,20	
Quartzite stérile avec quelques cordons de galet			5 ,50
Main-Reef Leader (conglomérat à petits galets)			0 ,15
Quartzite stérile			6
Main-Reef (conglomérat à gros galets avec bancs de grès intercalés)			2 ,25
			15m,45

Cette mine est divisée en deux quartiers par un large dyke de 25 mètres d'épaisseur. A l'ouest, la pente est en moyenne de 32° et atteint même 70° ; à l'est, au contraire, elle est très faible, environ 19° ; on entre, dès lors, dans la zone peu inclinée de Geldenhuis, Simmer and Jack, etc.

La teneur moyenne réalisée pratiquement sur l'ensemble des reefs est actuellement de 21 grammes, dont 12 à l'amalgamation.

Plus à l'est, le groupe des mines de **Geldenhuis** comprend Geldenhuis Estate, Stanhope, Geldenhuis Main-Reef et Geldenhuis deep.

Ce groupe est séparé de la Jumpers et de la Treasury par une grande faille d'environ 300 mètres, que les travaux n'ont pas encore franchie.

Les reefs de la Geldenhuis Estate portent les noms locaux de North Reef, Middle Reef et South Reef.

Le North Reef, qui se bifurque parfois, paraît représenter à lui seul le Main-Reef et le Main-Reef Leader; il est certain qu'on y trouve un banc schisteux, qui peut correspondre au délit argileux pseudo-schisteux si caractéristique au mur du Main-Reef Leader dans le centre du Rand. Ce North reef constitue la richesse principale de la mine et le seul reef dont il ait été tenu compte jusqu'ici dans les évaluations faites de son avenir.

Le Middle reef peut correspondre à celui que nous avons vu dans la même situation, à la City and Suburban, et qui existe également dans beaucoup d'autres mines, où nous n'avons pas noté sa présence, sa teneur étant presque toujours insuffisante pour motiver une exploitation; pourtant ici, il devient exploitable en quelques points.

Quant au South reef, contrairement à ce qui se passe, en général, pour son homonyme dans le Rand, il est considéré comme à la Geldenhuis Estate comme insignifiant.

Nous donnons ci-joint de haut en bas deux coupes du Main-Reef (North reef), l'une relevée par nous au troisième niveau ouest, l'autre admise par la Compagnie comme moyenne.

Coupe relevée au troisième niveau ouest :

Middle reef.

Grès arkosique à grain grossier, souvent à teinte rouge, constituant une des red-bar, qui, à la surface, caractérisent l'affleurement de la série du Main-reef........................	10 mètres.
Quartzite à grain plus ou moins fin............	3 à 10 —

	Couche	Épaisseur
	A et B. Quartzite, avec parfois mince cordon de galets, se fondant à la base avec le conglomérat du dessous et dont on est forcé d'abattre 0^{m},20 avec le reef, mais formant plus haut un toit très solide..................................	0^{m},20
North reef	Conglomérat riche, parfois réduit à un simple cordon de galets (Main-Reef Leader?)	0,10 — 38 gr. d'or
	Joint schisteux..........................	0,05 à 0,10
	Grès pastert.............................	0,10 à 0,15
	E à H. Conglomérat, avec parfois quartzite intermédiaire (Main-reef)..............	1 à 3 mètres.

Coupe moyenne donnée par la Compagnie:

A. Conglomérat (stringer)....		0,07 —	83 gr.
B. Quartzite		0,35	
C. Conglomérat (leader).....		0,07 —	165 gr.
D. Quartzite		0,52	
— *Joint schisteux*...........			
E. Reef du Toit: conglomérat.		0,65 —	20 gr.
F. Quartzite	—	0,27	
G. Reef du Mur: conglomérat.	—	0,33	11,5
H. Leader du mur	—	0,50	

Dans cette coupe, les parties les plus riches sont le leader C et le stringer A.

Toutes ces épaisseurs sont très irrégulières et parfois se réduisent ou s'augmentent beaucoup.

Dans l'est, le joint schisteux entre D et E atteint parfois 0^{m},30 à 0^{m},40 et représente peut-être le début du banc de schiste important que nous trouverons sous le reef de Van Ryn et Modderfontein. Le banc de quartzite F devient, en même temps, assez large (4 à 5 mètres) pour qu'on soit forcé d'exploiter les deux conglomérats E et G séparément; le banc E, qu'on appelle alors simplement North reef, a 2 mètres à 2^{m},30; enfin le leader (A, B, C) se sépare en trois bancs distincts répartis sur 0^{m},60 à 0^{m},80 d'épaisseur, et dont le supérieur est le plus riche (dans l'ouest, sur la coupe relevée par nous, quelques galets disséminés dans le grès marquent à peine le début de ces conglomérats). Enfin la distance entre le leader C et le reef E atteint 3 mètres; de ce côté est, il y a des parties tout à fait plates.

La teneur moyenne de la mine a été, jusqu'en mars 1892, de 29,80 grammes à l'amalgamation dans la zone oxydée; puis elle est descendue peu à peu, tant par suite de la rencontre d'une zone pauvre que par suite de l'extension du broyage, à des minerais d'abord négligés. Actuellement, on obtient 8^{gr},65 aux plaques, 7^{gr},55 au cyanure, soit 16^{gr},20 (d'or fin).

La pente moyenne est de 62° à l'ouest, 40° à 45° au centre, 30° à l'est.

La mine est limitée à l'ouest par un dyke nord-est plongeant de 80° vers l'ouest, dyke qui rejette les couches de 300 mètres suivant l'horizontale. Elle comprend deux divisions : centrale à l'ouest et Stanhope à l'est (*). Dans la division centrale, deux failles ramènent également de 20 mètres au sud une section de 130 mètres de long.

Les faibles pentes que nous venons de trouver dans l'est de la Geldenhuis (et qu'on observe également sur la petite concession de Stanhope, dont la Geldenhuis Estate possède le deep level) se continuent dans l'ouest de la mine suivante, qui est la **Simmer and Jack.** Pour les épaisseurs, au contraire, on passe brusquement, après une petite faille, d'épaisseurs très fortes à des reefs très minces. Il y a là toute une grande zone où les couches sont d'une plateur extrême, parfois absolument horizontales, parfois même se relevant en sens inverse (c'est-à dire plongeant localement au nord) comme au septième niveau près de la sixième descenderie (incline). De ce

(*) Précédemment il existait, en outre, à l'Ouest, au-delà de la grande faille, une division Percy, comprenant 9 claims 1/2, qui a été vendue à la concession voisine, la Treasury, en juin 1893, moyennant 3.500.000 fr., ce qui a permis de rembourser une dette d'environ 2.500.000 fr.

côté ouest de la concession, elles sont minces et riches. Puis vient une faille importante qui rejette les couches de 300 mètres au nord (c'est-à-dire détruit l'effet de celle que nous venons de trouver dans la Geldenhuis) et, au delà, les couches présentent une inclinaison qui, à la surface, atteint 60°. Un sondage fait très au sud (Victoria Borehole), qui a recoupé le reef à 717 mètres, prouve, jusqu'à cette profondeur, une pente moyenne à 40°. Les épaisseurs des couches, dans cette partie est, augmentent beaucoup, mais aux dépens de la richesse.

La coupe des reefs de la Simmer and Jack est la suivante de haut en bas, dans deux quartiers distincts de la concession; faute de pouvoir les assimiler d'une façon certaine à ceux du centre du Rand, nous leur laissons leurs noms locaux.

4e Niveau. — Quartier ouest.

Conglomérat, *dit South reef*, inexploité.		
Quartzite	50 mètres	
Conglomérat (*dit Main-Reef*) (South-reef ?)	0 ,20	
Quartzite passant progressivement au conglomérat .... $0^m,50$ à	5	
Conglomérat (*Middle reef*) (assimilable au Main-Reef Leader ?)	0 ,20	Lit riche donnant des essais locaux de plus d'un kilogr. d'or à la tonne
Joints argilo-schisteux (avec lignes de friction prouvant un déplacement longitudinal), surmonté d'une *veine de quartz*....	0 ,10	
Quartzite..............................	0 ,40	
Dyke longitudinal discontinu............		
North reef pauvre (Main-reef ?)	0 ,10	
Quartzite..................... plus de	50 mètres	

Travers-bancs du quartier est.

Conglomérat non payant...... plus de	$0^m,80$	Reef dit *Main-Reef*
Quartzite............................	0 ,20	
Conglomérat riche....................	0 ,60	
Quartzite............................	6 mètres	
Middle-Reef.........................	1	(7 à 8 gr. d'or)

Veine de quartz	0m,10	
Quartzite	4	
Conglomérat	0 ,10	Reef dit *North-Reef*
Quartzite	0 ,25	
Conglomérat	0 ,15	
Quartzite	0 ,90	
Conglomérat plus riche	0 ,60	
Quartzite.		

Les reefs exploités à la Simmer and Jack sont, avant tout, le Middle reef, qui se présente, comme le Main-Reef Leader dans le centre du Rand, avec un lit d'argile schisteuse et une veine de quartz à son mur; puis quelquefois le Main-Reef, qui pourrait correspondre au South reef.

Le Middle reef prend, au neuvième niveau ouest, 2 mètres d'épaisseur, avec une teneur moyenne de 18 grammes; il a parfois, à sa base, un cordon de galets gros comme des œufs, qui est alors très riche. Il présente des galets très serrés, avec un caractère que nous avons précédemment signalé à la Henry Nourse dans le Main-Reef Leader : les galets, moins soudés à la pâte, restent en saillie sur la cassure.

Le reef appelé Main-Reef n'est payant que par endroits et offre alors une assez grande épaisseur, avec une teneur de 7 à 9 grammes sur les plaques d'amalgamation.

Quant au North reef, il a été rencontré au fond de la descenderie de l'Est (l'East incline), divisé en trois bancs (celui du milieu le plus riche); on y remarque là des galets de jaspe rouge.

Au point de vue de l'identification des reefs, on peut remarquer que, dans la partie centrale où les couches sont plates, un puits vertical a été poussé à plus de 50 mètres au-dessous du reef appelé North reef sans sortir des quartzites, ce qui concorde bien avec l'idée que ce North reef est le plus inférieur de la série, c'est-à-dire le Main-Reef. La teneur moyenne à l'amalgamation est de 12,20 grammes ; 21 grammes en tout.

Sur la **New Primrose,** les mêmes caractères ne se poursuivent que dans l'est de la Simmer and Jack, couches épaisses et de teneur plutôt faible; on y obtient 13 grammes à l'amalgamation.

A la **Rose deep,** qui a le deep level, c'est-à-dire le prolongement en profondeur de la New Primrose, les travaux, encore peu développés, ont reconnu le North reef, le Middle reef (large de $0^m,50$ à $0^m,60$) avec galets assez petits et le South reef large de $0^m,60$ avec galets plus gros.

Puis viennent la May Consolidated, la Glencairn, la Glenluce, que nous n'avons pas visitées, et l'on arrive à une zone nouvelle, où l'existence d'épais dépôts superficiels avait longtemps empêché de reconnaître les couches aurifères, mais qui entre aujourd'hui en plein développement, celle de Witwatersrand (Knights), Balmoral, Ginsberg et East Rand (Driefontein, Angelo, Comet, Agnes Munro, Cinderella).

A **Witwatersrand** (anciennement Knights), les reefs, qui étaient fort peu inclinés dans l'est de la Geldenhuis et l'ouest de la Simmer, sur la convexité de leur courbure (voir la Pl. III), reprennent une pente très forte d'environ 60° sur sa concavité.

Il existe, dans cette région, des preuves nombreuses de mouvements du terrain postérieurs au dépôt, et notamment de glissements de couches les unes sur les autres, avec formations de salbandes argiloschisteuses, le long desquelles ont souvent cristallisé des veines de quartz de sécrétion; on rencontre également des intrusions de grands dykes longitudinaux, qui sont bien caractérisés dans la Witwatersrand et l'East Rand. Peut-être est-ce à un phénomène mécanique de ce genre ayant produit un doublement par pli de la série du Main-Reef qu'il faut attribuer l'apparition dans cette zone, au nord de cette série, d'une série à peu près identique, bien que plus pauvre ; peut-être aussi y a-t-il réellement deux séries de reefs distinctes : c'est ce que nous aurons à examiner. Enfin, comme dernier fait d'intérêt général, nous noterons la présence, au-dessous du reef, d'un lit de schistes micacés (ou quartzites laminés), qui peut correspondre à celui que nous trouverons plus tard si développé dans l'Est vers Van Ryn et Modderfontein.

Indépendamment de toute hypothèse, la coupe des terrains est ici la suivante :

1° Le reef du nord a environ 0m,80 d'épaisseur moyenne; il est composé de galets gros au maximum comme des

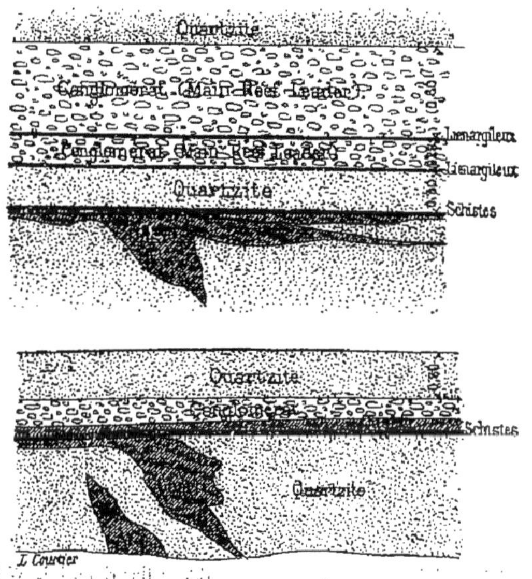

Fig. 8.
Front de taille d'une galerie suivant la direction de la couche à la Witwatersrand Mine.
Échelle de $\frac{1}{80}$.

noix, assez régulièrement répartis dans la masse et présentant tout à fait l'aspect connu du Main-Reef. A son toit se trouve un reef bâtard inutilisé, de 0m,10 à 0m,12 au plus, séparé de lui par une épaisseur variable de quartzite stérile. A sa partie supérieure, un banc de quartzite sépare ce reef d'un autre plus mince, et généralement plus riche, sous lequel il y a un lit schisteux. Cet ensemble pourrait correspondre au Main-Reef et au Main-Reef Leader confondus.

2° La coupe du reef du sud, situé à 50 mètres horizontalement plus au sud, est identique ; mais le schiste du mur, plus développé, renferme constamment une veine de quartz caractéristique, semblable à celle que nous avons vue si souvent apparaître au mur du Main-Reef Leader : ce quartz, avec cristaux de pyrite, lance souvent au mur des ramifications représentées par la figure 8 ci-contre.

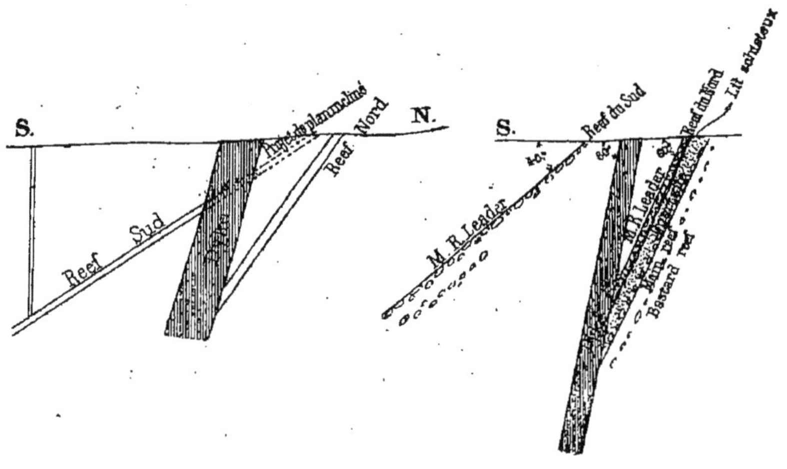

Fig. 9.

Coupe théorique à la Knights Tribute. Coupe théorique à la Witwatersrand Mine.

D'après M. Williams, directeur de la Witwatersrand, on retrouverait, plus à l'ouest, dans la mine de Knights Tribute, le prolongement de ces reefs avec un dyke qui les recoupe comme dans la figure 9 et empêche les reefs du sud d'affleurer au jour, en sorte que, dans ce cas, l'identité des deux reefs, simp ement coupés et rejetés par une faille suivant le dyke, lui semble très vraisemblable.

En allant de l'ouest à l'est, ces deux reefs s'écartent de plus en plus, et l'on perd la trace du Reef Nord; puis le Reef Sud est recoupé par une faille qui le rejette au nord avant d'arriver à Balmoral.

Là, à la limite des deux concessions, se présente une dislocation assez compliquée, après laquelle le reef, que nous considérons comme le Main-Reef, reprend régulièrement sur **Balmoral** et la concession voisine de Gardner (aujourd'hui incorporée à Balmoral); au delà, il est également très bien reconnu sur toute la longueur de l'East-Rand.

A peu près à la hauteur de Balmoral, apparaît, plus au sud, une autre couche aurifère considérée comme le South reef du Rand, reef que l'on exploite à Ginsberg (c'est-à-dire sur le deep level de Balmoral) et qui se prolonge sur l'East-Rand.

Sur la Witwatersrand, le reef du nord a une pente de 60°, tandis que le reef du sud n'en a qu'une de 40° (*fig.* 9) : ce qui correspondrait bien avec l'idée que ce reef du sud est une partie profonde du reef du nord remontée vers la surface par une faille.

Le reef du sud, sur lequel portent surtout les travaux, a 1 mètre environ d'épaisseur et repose sur des quartzites; assez pauvre au premier niveau pour avoir fait concevoir les plus fâcheuses opinions sur l'avenir de la mine, il s'est, au contraire, montré très riche au second.

Le reef du nord est généralement pauvre.

Les travaux de **Ginsberg** portent exclusivement sur un autre reef dont nous avons parlé plus haut, reef situé à 230 mètres horizontalement au sud du reef du sud de Witwatersrand et considéré comme le South reef. La pente est ici de 58° et dépasse, par endroits, 75°.

Ce reef est divisé en trois veines; il est généralement

mince dans la section ouest de la mine, à l'ouest d'un dyke situé entre les puits 1 et 2 ($0^m,45$); de l'autre côté, il passe à $1^m,50$. La teneur est assez forte; pratiquement elle atteint, paraît-il, 18 à 22 grammes, dont 11 à l'amalgamation.

Sur les Compagnies de l'**East-Rand** (*) (Driefontein, Angelo, New-Comet, Agnes Munro, Cinderella et New-Blue Sky), on peut suivre, presque d'un bout à l'autre, deux reefs qui sont: l'un, celui de Witwatersrand et Balmoral, le Main-Reef ou North reef; l'autre, celui de Ginsberg, le South-Reef.

Le North reef est reconnu sur près de 6 kilomètres de long et donne lieu à des travaux importants sur la New-Comet; le South-Reef, suivi de même par les travaux, mais dont on perdait la trace sous les terrains superficiels à l'est de New-Comet, a été, en septembre 1895, recoupé à 181 mètres de profondeur par un sondage dans l'angle de Cason-Black, près de Cinderella, en sorte que son prolongement d'un bout à l'autre de la propriété paraît également bien constaté aujourd'hui.

Si nous commençons comme d'habitude, par l'ouest, sur la New-Comet, le North reef, incliné à 47°, a souvent de grandes épaisseurs, jusqu'à 5 et 6 mètres, mais avec beaucoup de nerfs de grès intercalés et ressemble fort au Main-Reef du centre du Rand. Au niveau de 130 pieds est, la coupe est, par exemple, la suivante :

Conglomérat (très riche localement, à cet endroit), formant un niveau constant dans cette région.....	$0^m,15$
Quartzite....................................	0 ,60
Conglomérat	0 ,60

(*) L'East Rand est à la fois une Société minière et un Trust: c'est-à-dire que, pour mettre en valeur les diverses parties d'une propriété considérable, elle forme successivement des sociétés filiales, telles que la Comet, l'Angelo et la Driefontein, dans lesquelles elle conserve un rôle prédominant.

Les galets sont généralement assez petits, sauf parfois dans l'ouest à la base, et alors ce conglomérat de la base devient la partie riche, tandis qu'à l'est la richesse est au toit.

Le South-Reef est généralement recoupé, près de son affleurement, par un dyke longitudinal très épais, analogue à celui que nous avons rencontré sur le North reef à Witwatersrand, ou à celui qui existe au cinquième niveau de la Crown reef.

Ce South reef, sur Driefontein, a une pente de 60°, une épaisseur de $0^m,60$ à $1^m,30$ avec une zone de $0^m,10$ à $0^m,40$, très riche à la base.

Sur Angelo, il forme un gros filon ayant souvent plus d'un mètre d'épaisseur avec des galets disséminés régulièrement et ressemblant au Main-Reef dans le Rand ; par moments, on a seulement des galets blancs espacés dans un quartzite noir.

Au-delà de l'East-Rand vers l'Est, il se présente, dans les affleurements des couches, une lacune considérable correspondant aux Apex mines et à Benoni jusqu'à Kleinjontein et Van Ryn. Là, en effet, comme sur l'East-Rand, la surface du sol est absolument masquée par d'épais dépôts d'argile, parfois aussi par des lambeaux du Karoo démantelés sous des actions d'érosions, qui ont dû laisser cette argile comme résidu ; faute de sondages, on se trouve donc dans les conditions où l'on était sur l'East-Rand avant les derniers travaux qui ont permis de reconnaître les reefs ; cependant, sur la Western Kleinfontein qui occupe une partie de la ferme Benoni, le North reef (de Kleinfontein et de Van Ryn) a, paraît-il, été découvert. On peut, d'ailleurs, en se guidant sur l'affleurement du Kimberley reef situé au sud du Main-Reef et toujours beaucoup plus facile à suivre, supposer l'existence d'une courbe reportant les couches vers le nord avec une direction N.-E. qu'elles conservent ensuite jusqu'à Modderfontein et d'une faille produisant un rejet horizontal d'environ 1.500 mètres vers le sud-est.

Après quoi, on rentre dans une zone exploitée qui comprend Kleinfontein, Van Ryn, New-Chimes, Modderfontein et qui se prolonge par des travaux de prospection sur Modderfontein extension, Klippfontein et Amatola (*).

A **Kleinfontein**, on exploite deux reefs bien reconnus : le Main-Reef et, à son toit, un reef appelé localement South reef, mais qui doit être en réalité le Main-Reef Leader ; le véritable South-Reef correspond probablement au reef actuellement exploité à Modderfontein et Van Ryn, à l'est, comme dans l'East-Rand, à l'ouest, mais qui, sur Kleinfontein, n'a pas encore été utilisé.

Cette concession est la première où nous ayons à constater, dans tout son développement, un phénomène qui, à partir de là vers l'est comme plus au sud au Nigel et à Heidelberg, joue un rôle important : c'est l'existence de bancs de schistes au mur du Main-Reef (**). Nous avons bien, dans les descriptions précédentes, appelé l'attention à diverses reprises sur les liens argileux, parfois schisteux, qui existent souvent sous le Main-Reef Leader et qui se développent en particulier jusqu'à former de véritables schistes à la Witwatersrand ; mais, à partir d'ici, ce sont des couches épaisses et bien caractérisées de ces schistes que nous allons trouver.

La coupe à Kleinfontein est la suivante, de haut en bas :

(*) A l'ouest de Kleinfontein, il existe quelques travaux de prospection sur le Main-Reef dans Benoni, Western Kleinfontein et Chimes West.

(**) Ces schistes, où l'on trouve parfois un peu de magnétite ne seraient-ils pas ceux de Hospital-Hill étudiés plus haut, schistes compris entre la série du Main-Reef et le reef de Rietfontein, c'est-à-dire également au mur du Main-Reef, bien que séparés de lui dans le centre du Rand par une forte épaisseur de quartzites (??).

Main-Reef Leader.........	$0^m,60$ à $1^m,20$
Joint schisteux...........	$0^m,02$ à $0^m,03$
Quartzite stérile...................	$2^m,40$
Main-Reef..............	1 mètre à $1^m,30$
Schistes chloriteux......	10 à 15 mètres.

Le Main-Reef ressemble tout à fait à celui du centre du Rand ; il est très homogène, avec des galets réguliers gros comme des noix, dont quelques-uns de quartzite noir amorphe, et contient souvent un banc de quartzite au milieu ; sa teneur, sur 1 mètre d'épaisseur, est d'environ 12 grammes à l'amalgamation. Le Main-Reef Leader lui ressemble beaucoup, mais est généralement plus mince, avec une teneur aux essais de 26 grammes rapportés à $0^m,90$. Au début, c'est ici, comme autour de Johannesburg, le seul reef qu'on ait exploité.

La pente, à l'ouest de Kleinfontein, est de 30° ; au centre, elle arrive à 40°, et, quand on passe à l'est sur la concession de Van Ryn ouest, on arrive à 70°.

Les reefs, très continus, sont seulement recoupés par 3 dykes.

La teneur totale a été, en pratique, en 1894, de $17^{gr},30$ par tonne (12,25 aux plaques, 4,90 à la cyanuration). En 1895, elle est tombée peu à peu à environ $14^{gr},30$.

Plus loin, vers l'Est, sur les mines de Van Ryn Ouest, Van Ryn Est et Chimes, les reefs sont recoupés par un certain nombre de failles importantes, qui séparent des quartiers d'exploitation distincts (notamment Van Ryn Ouest et Van Ryn Est autrefois confondus), failles plus ou moins Nord-Sud, ayant pour effet de déprimer leur lèvre ouest. Mais le toit de schistes chloriteux régulier et continu au mur du Main-Reef est un jalon précieux pour suivre, malgré tout, facilement le reef d'un bout à l'autre.

Le Main-Reef, avec son leader, est la couche sur laquelle portent les principales exploitations de **Van Ryn**; mais on connaît également, à 160 mètres au sud, le South reef, exploité à Modderfontein, qu'il faut probablement identifier avec le reef de la New-Chimes. Plus au sud encore, est un reef non exploitable, mais très caractéristique et facile à suivre à la surface, le Bird reef (ainsi nommé parce qu'il est formé de petits galets gros comme des œufs d'oiseaux) et, au delà, un reef à gros galets, le Kimberley reef, tenant 3 à 4 grammes d'or environ par tonne, sur une veine duquel se trouve la mine Saint-Jean.

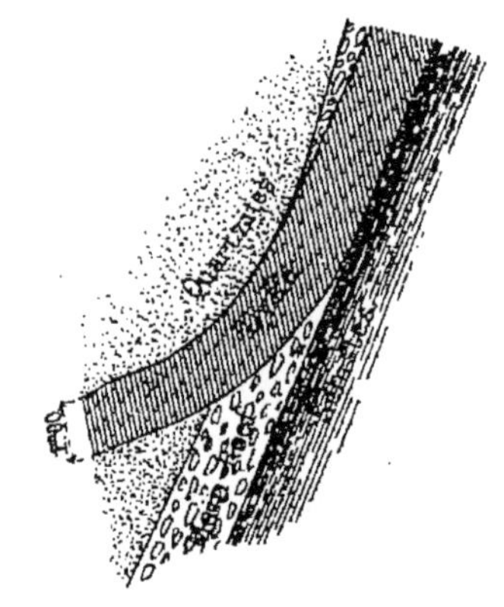

Coupe verticale au 3e niveau de la Van Ryn, montrant l'intrusion d'un dyke entre le Main-Reef et les schistes sous-jacents.

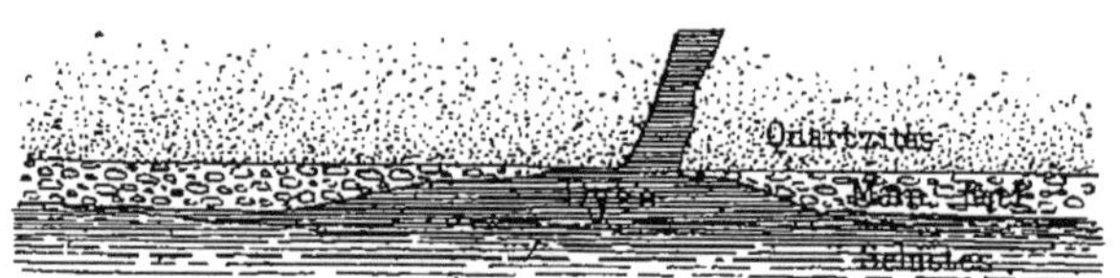

Fig. 10
Plan théorique au 3e niveau de la Van Ryn.

Le Main-Reef présente, à l'affleurement, une inclinaison de 70° dans l'ouest, de 60 à 40° dans l'est; en profondeur, il passe à 45°; son épaisseur, très variable, va de $0^m,10$ à $1^m,50$. Le Main-Reef Leader, situé à 3 mètres de distance et épais seulement de $0^m,15$, a donné par endroits des teneurs considérables jusqu'à 300 grammes d'or; mais il est assez irrégulier. Au mur du Main-Reef se trouve toujours une salbande argileuse. Les figures 10 montrent l'intrusion d'un dyke entre ce Main Reef et les schistes sous-jacents.

Le South reef, que nous trouverons bientôt très riche dans l'ouest de Modderfontein et qui a donné également de bons résultats sur la Chimes, semble plus pauvre sur Van Ryn et Van Ryn Ouest, où les travaux ne l'ont encore que peu attaqué ; il se compose, dans toute cette zone, d'une douzaine de veines de conglomérats intercalées entre des quartzites et dont on choisit empiriquement les meilleures. La partie exploitée comprend deux reefs principaux très minces ($0^m,05$ à $0^m,07$), dont nous verrons bientôt l'équivalent à Modderfontein avec des caractères identiques : reef de grès grossier avec petits galets vitreux très disséminés, friables, ayant l'air d'avoir subi un laminage, et peu de pyrite ; lignes de salbandes argileuses, passage progressif du reef le plus riche (middle reef) à un banc noir de quartzite très dur situé à son mur (bar ou coarsegrit), etc.

La coupe de ce South reef est la suivante ici :

Middle-Reef (reef riche)	$0^m,06$
Quartzite noir (bar ou coarsegrit)	0 ,30
Footwall-reef	0 ,08
Quartzite blanc très distinct du noir avec un reef secondaire	

La teneur pratique est de 21 grammes, dont $13^{gr},50$ à l'amalgamation.

La **New Chimes**, située au sud-est de Van Ryn, exploite un tronçon de reef limité entre deux failles, qui peut difficilement être considéré comme autre chose que le South reef ou reef de Modderfontein, rejeté par une dislocation. Le terrain est, de ce côté, très faillé, coupé de dykes, et le reef a subi des mouvements mécaniques qui l'amènent à être tout à fait vertical, comme à la New Heriot, et même, par endroits, renversé.

La coupe est ici la suivante de haut en bas :

1.	Quartzite.	
2.	Quartzite laminé ayant pris l'aspect d'un schiste talqueux	0^m,06
3.	Quartzite	0 ,33
4.	Conglomérat riche	0 ,07
5.	Quartzite noir avec galets disséminés	0^m,60 à 0 ,90
6.	Schistes	0 ,10
7.	Quartzite blanc	0 ,25
8.	Schistes	0 ,20
9.	Quartzite	12 »
10.	North leader (quartzite avec banc de conglomérat intercalé de 0^m,20 d'épaisseur)	0^m,60 à 0 ,90

On abat les couches de 2 à 7. Le quartzite noir n° 5 constitue, dans son ensemble, un minerai souvent fort riche, bien que, le plus souvent, il ne présente que des galets très disséminés : ce qui est contraire à la théorie générale suivant laquelle l'or ne serait abondant que dans les conglomérats proprement dits. Dans la couche 8, il s'intercale parfois, notamment au troisième niveau ouest, un reef à petits galets.

Quant au North leader qui, à Modderfontein, n'a jamais été trouvé exploitable, ici, il forme une des richesses principales de la mine et, si l'on considère seulement la veine de conglomérat qui y est intercalée, on y trouve des teneurs allant à 300 grammes d'or par tonne.

La teneur moyenne est, en pratique, de 19^{gr},60 dont 13^{gr},50 à l'amalgamation.

Sur la **Modderfontein**, la coupe est la suivante de haut en bas :

Kimberley reef.

Quartzite	400 mètres.
Bird reef	12 à 15 mètres.
Quartzite, souvent un peu micacé au mur.	300 mètres.

South reef	Hanging n° 2 (non exploité)	0m,10
	Quartzite	0m,40 à 0m,50
	Hanging leader (riche)	0 ,08 à 0 ,10
	Quartzite noir très dur	0 ,60 à 1 »
	Middle reef	0 ,04 à 0 ,06
	Quartzite blanc	0 ,60 à 1 »
	Footwall leader	0m,08 à 0m,10

Lit schisteux laminé.

Quartzite	25 mètres
North leader	0m,08
Quartzite	50 mètres.
Main Reef Leader	environ 0m,15
Grès quartzite	10 à 12 —
Main reef (North reef)	1 —
Schistes chloriteux	80 à 100 mètres.

Les schistes chloriteux, qui forment le mur du Main-Reef, sont souvent très disloqués ; le Main-Reef, qui se trouve au dessus, et que nous venons de voir travaillé en grand vers l'ouest, à Van Ryn, a donné lieu seulement, dans l'est de Modderfontein à quelques anciennes tentatives d'exploitations infructueuses ; vers l'Est, il se prolonge sur Modderfontein. Extension avec le même mur de schistes caractéristiques, une épaisseur de 0m,60 à 0m,90 et, à 1m,30 de distance au toit, un mince leader de 0m,15.

Le North leader du South reef, qui a également donné de bons résultats à la Chimes, a paru jusqu'ici à Modderfontein inexploitable.

Le South reef proprement dit, sur lequel portent, en résumé, tous les travaux de cette dernière mine, se compose d'un faisceau de 12 ou 15 petits bancs de conglomérats, très minces et très difficiles à reconnaître l'un de l'autre, d'autant plus que la richesse peut fort bien, en réalité, passer de l'un à l'autre, et dont trois seulement donnent lieu à une exploitation suivie (footwall leader, middle reef et hanging leader). Ces bancs, très différents de la plupart des conglomérats que nous avons rencontrés jusqu'ici dans le Rand, sont tous très étroits ($0^m,04$ à $0^m,10$) avec de petits galets blancs vitreux, enfumés, noirs mats ou rosés, semblant avoir subi un écrasement, et peu d pyrite apparente. Le plus riche est le hanging leader. Le quartzite noir, très dur, qui le surmonte, est à grain assez grossier et, en raison de ce fait, contient toujours une certaine proportion d'or (7 à 9 grammes), qui fait qu'on le passe aux pilons; à la surface, il prend une teinte brun chocolat avec des taches vertes. Le middle reef est très mince et disparaît fréquemment, comme tous les reefs de Modderfontein, ainsi qu'une ligne de dislocation qui paraît le suivre. Enfin le footwall leader est généralement pauvre et très irrégulier; il paraît devenir plus riche aux niveaux inférieurs en même temps qu'il se rapproche des quartzites noirs.

La pente est ici souvent très forte dans l'ouest des travaux, presque comme dans la concession de la Chimes qui se trouve de ce côté; elle atteint là 78° et plus. On remarque dans ce reef, presque vertical, des veines de quartz blanc stérile presque horizontales. En profondeur, la pente passe de 78° à 60°. Quand on va vers l'est, la couche s'aplatit, au contraire, jusqu'à 20 ou 25°.

D'après les résultats des essais, le directeur de la mine estime que la teneur pratique sera, quand les broyages commenceront en février 1896, d'environ 21 à 23 grammes, dont 13 à 15 à l'amalgamation.

Au delà de Modderfontein, les travaux d'exploitation s'arrêtent et, comme le sol est très masqué, soit par des limons, soit par les couches du Karoo (coal measures), comme, en outre, le pays est très plat et souvent marécageux sur les affleurements des reefs, les travaux de reconnaissance avancent assez lentement. Néanmoins on peut, dès à présent, suivre, à travers **Modderfontein Extension, Klippfontein et Amatola,** le trajet présumé du North reef (Main-Reef), caractérisé par la masse de schistes située à son mur et les deux reefs supérieurs (Bird reef et Kimberley reef) dont les affleurements sont toujours mieux marqués que ceux du Main Reef : ce qui localise étroitement la zone des recherches pour le South reef, même sur les grandes étendues où il n'a pas encore été rencontré.

Le Bird reef, qui, en coupe transversale, est séparé du South reef par environ 300 mètres de quartzites, en est, en réalité, beaucoup plus éloigné à l'affleurement ; car les couches, dans toute cette région, sont presque horizontales (20 à 25° d'inclinaison seulement). Ce Bird reef, qui a 12 à 15 mètres de large, est caractérisé par des masses de petits galets blancs (très peu de noirs) fortement soudés dans un ciment très dur. Il passe sous le Compound (*) de Modderfontein, où il contient exceptionnellement un peu d'or visible ; mais, jusqu'ici, on l'a trouvé partout sans valeur, bien que, dans l'ouest du Rand, un reef qui lui est assimilé ait servi de prétexte à quelques Compagnies.

A 400 mètres au sud du Bird reef, affleure une énorme masse de poudingues, avec des parties à très gros galets, qu'on nomme le Kimberley reef, masse d'autant mieux visible en plusieurs points de cette région qu'étant presque horizontale, elle occupe des étendues considérables. Ce Kimberley reef est également bien caractérisé sur toute la longueur du Rand et a été généralement considéré comme pauvre, les galets stériles étant si gros qu'ils n'ont pas laissé de place à un ciment aurifère ; mais, dans l'épaisseur du poudingue, on rencontre parfois des veines à galets plus petits, très chargées de pyrite et qui, en certains endroits, ont donné lieu, dans ces derniers temps, à quelques espérances, dont l'avenir permettra d'apprécier

(*) Logement des ouvriers cafres.

la valeur. Ce sont des veines de ce genre qu'on cherche à exploiter à Rip (près du Champ d'Or), où elles sont très voisines du reef considéré comme le Main-Reef ; au sud de Roodeport, on en retrouve à Marie-Louise ; puis, au sud de l'East Rand, à la mine Saint-Jean, où elles ont donné lieu, à diverses reprises, à des exploitations tout à fait précaires ; enfin quelques Compagnies, que nous n'avons pas eu à citer chemin faisant, parce qu'elles n'ont encore qu'une existence théorique, comme la Kleinfontein deep, etc., se sont constituées pour y faire des recherches.

Les travaux de prospection de Modderfontein Extension et de Klippfontein n'ont recoupé jusqu'ici le Main-Reef (reconnu par son mur de schiste) qu'en des points où il est gréseux et assez pauvre : ce qui peut n'être qu'un hasard fâcheux, mais ce qui peut correspondre également à la présence dans cette région, soit d'une zone pauvre, comme nous en avons déjà trouvé en certaines parties du Rand, soit même d'un appauvrissement définitif, puisque, si étendue que soit l'imprégnation aurifère des conglomérats, elle doit pourtant s'arrêter quelque part.

Quant au South reef, on a, sur Klippfontein, recoupé son faisceau, bien caractérisé par tous ces petits bancs de conglomérats minces à galets fins avec intercalation de quartzites ; mais on n'a pas encore reconnu quels sont dans le nombre, s'ils existent, les leaders riches.

Il est intéressant de constater que les reefs conservent, jusqu'à ce point — c'est-à-dire singulièrement au delà de l'endroit où les anciennes cartes annonçaient hypothétiquement un raccordement par une courbe N.-S. avec le reef du Nigel et supposaient la limite du bassin — une direction N.-E. Nous serions fort peu surpris si l'on constatait, un jour ou l'autre, que cette direction générale se poursuit, sauf quelques accidents locaux, encore sensiblement plus loin (*) ; car, à notre avis, comme nous l'avons dit plus haut, on a affaire là, non à un dépôt de lac restreint, mais à une dépression synclinale pro duite par plissement dans une formation de conglomérats très étendue, et ce synclinal doit, comme tous les plis du même genre qu'on peut si bien étudier dans le Jura ou les Alpes, se prolonger avec plus ou moins d'inflexions et d'étirements : ce qui donne à l'étude de cette région extrême un grand intérêt théorique aussi bien que pratique.

Il est vrai, le faciès gréseux tend à dominer ici dans la série du Main-Reef à la place des conglomérats et, de l'autre côté du synclinal, dans les reefs du Nigel, qui ont quelque chance pour représenter la réapparition de la même série sur l'autre flanc de la dépression, les reefs riches sont également gréseux ou à petits galets. Mais nous ne voyons aucune conséquence à en tirer au sujet de la proximité plus ou moins grande du rivage à l'époque où se sont formés ces dépôts et, par suite, sur les conditions dans lesquelles aurait pu s'accumuler l'or ; car il ne faut pas oublier qu'immédiatement au toit se retrouvent des reefs à gros galets, comme le Kimberley reef; il n'y a là probablement qu'un phénomène local dû au sens et à la direction des courants dans les eaux où se constituaient ces sédiments, peut-être une zone calme d'estuaire produite par le débouché d'une rivière.

Nous ajouterons seulement une remarque, c'est que cette zone de Modderfontein et du Nigel est celle où les deux bords de la cuvette synclinale (en admettant l'assimilation des reefs du Nigel avec ceux du Main-Reef) sont les plus rapprochés. Si l'on remarque, en outre,

(*) Il est regrettable que tous les explorateurs de ce district, trouvant plus commode de laisser faire les recherches par leur voisin afin d'en profiter, avancent avec une lenteur si grande et fassent, en réalité, si peu d'efforts.

que la pente, aussi bien dans l'est de Modderfontein qu'au Nigel, est très faible (20 à 30° environ), une coupe bien facile à établir montre que la profondeur verticale maxima du thalweg doit avoir environ 2.500 mètres.

Cette profondeur étant inaccessible à nos travaux de mine, il est bien peu probable que les galeries parties des deux bords viennent jamais se rejoindre dans la profondeur. Néanmoins, si jamais, avec la hardiesse qu'on apporte volontiers dans les entreprises de ce pays, on voulait tenter un sondage à grande profondeur pour explorer le fond du bassin, cette région paraîtrait particulièrement bien indiquée à cet égard.

A environ 30 kilomètres au sud de Modderfontein, on retrouve, ainsi que nous l'avons déjà indiqué à diverses reprises, au Nigel et à Heidelberg, une série de bancs de conglomérats aurifères plongeant en sens inverse de ceux que nous venons d'étudier dans la série du Main-Reef, c'est-à-dire vers le nord et présentant avec eux assez d'analogie pour qu'on ait pu supposer, d'une façon plausible, qu'ils constituaient leur réapparition au jour de l'autre côté de la cuvette synclinale. Dans cette région, une seule mine importante est, jusqu'ici, en exploitation, celle du Nigel ; mais l'attention ayant été vivement attirée dans ces derniers temps sur l'intérêt de ce district, et le champ ouvert aux entreprises y offrant encore des perspectives de succès d'autant plus vastes qu'elles sont moins déterminées, les travaux de recherches y sont poussés avec activité et permettront, peut-être assez prochainement, de se prononcer sur son avenir, encore problématique.

Au **Nigel**, les couches sont presque horizontales (de 18° à 23° à l'affleurement), et cette horizontalité suffit peut-être à elle seule pour expliquer comment la ligne de niveau, marquée par l'affleurement de l'une d'elles, devient, par suite d'un gondolement des terrains relativement faible, une courbe très prononcée, qui apparaîtrait à peine pour une inflexion comparable, si les couches étaient fortement redressées. Si l'on ramène le phénomène à des données géométriques simples, on a ici la section d'une surface cylindrique par un plan faisant un angle très faible sur son axe : ce qui produit une ellipse très allongée ; tandis qu'avec les couches verticales on aurait la section du même cylindre par un plan perpendiculaire à l'axe, donnant un arc de cercle.

Toujours est-il que les terrains du Nigel décrivent, dans la concession même, une courbe très accentuée et que les travaux de mine actuels ont permis de bien reconnaître.

Le reef exploité au Nigel est un banc de conglomérat généralement assez mince ($0^m,65$ en moyenne), bien qu'il atteigne parfois 1 mètre, formé de galets assez petits, souvent enfumés, donnant à la roche un aspect grisâtre (*), avec galets de quartzite noir mat, parfois anguleux (comme on en trouve souvent dans le Main-Reef) galets de quartzite jaune (assez particuliers à cette mine) et pyrite abondante. Ce reef est superposé à des schistes contenant parfois de la magnétite : c'est-à-dire qu'il se trouve géologiquement dans des conditions comparables à celles du North reef de Kleinfontein, Van Ryn, Modderfontein, Klippfontein, que nous avons assimilé au Main-Reef ; il est, de même, recouvert par des quartzites ; enfin, comme aspect et même comme épaisseur, il ne diffère pas d'une façon nette de ce reef, qui, ainsi que nous l'avons vu, s'amincit beaucoup dans l'est du Rand. Ce ne sont assurément pas là des raisons suffisantes pour entreprendre une assimilation reef par reef à aussi grande distance ; d'autant plus

(*) Ces galets ont moins d'un centimètre en moyenne, mais sont de dimensions très variables et très irrégulièrement disposés. (Éch. 1479, 1 et 2.)

que le reef du Nigel est le plus souvent à galets beaucoup plus petits que le Main-Reef, partout où nous avons étudié ce dernier; mais il est déjà très extraordinaire et très frappant de retrouver, aussi loin de l'affleurement des couches du Witwatersrand, une formation qui, dans son ensemble, s'y rattache aussi complètement et qui s'est aussi peu modifiée dans l'intervalle (notamment avec les mêmes galets exclusivement composés de quartz, et de structure minéralogique identique). Nous voyons là, suivant une remarque précédente, une preuve que ces conglomérats (indépendamment de leur ciment aurifère), au lieu de correspondre à un dépôt de lac restreint où, comme on peut l'observer aisément sur les lacs houillers du Plateau Central, les dépôts changent constamment de nature d'un point à l'autre, résultent d'un phénomène en réalité beaucoup plus étendu, plus général et plus régulier, tel qu'une sédimentation marine. Il serait absurde de prétendre *a priori* que, partout où ces conglomérats se prolongeront avec des caractères analogues, ils continueront à contenir de l'or; mais, s'il y a réellement raccordement en profondeur de la série de Johannesburg avec celle de Nigel et d'Heidelberg, la présence de l'or, sur les deux flancs de cette cuvette, alors que ceux-ci, à l'époque de la venue aurifère, ne correspondaient à rien de spécial (puisque les affleurements actuels sont simplement la conséquence d'un plissement et d'une érosion postérieure), rend bien vraisemblable sa persistance avec des teneurs plus ou moins fortes dans l'intervalle, c'est-à-dire dans les parties les plus profondes que pourront jamais atteindre nos travaux.

Le reef du Nigel est, comme teneur en or, particulièrement riche par endroits, mais aussi fort irrégulier; on y trouve des poches riches (des schoots) qui peuvent avoir de 1 mètre à 10 mètres de large et, des deux côtés, des parties pauvres; en outre, il arrive fréquemment que le reef, dans les parties superficielles, soit très pauvre et s'enrichisse à une certaine profondeur : ainsi, au puits n° 3, le minerai n'est devenu payant qu'à 30 mètres de la surface, au puits n° 12 qu'à 100 mètres ; on avait, au moment de notre visite, dans ce même puits n° 3, au huitième niveau ouest, des teneurs de près de 2 kilogr. d'or à la tonne sur $0^m,25$ de large, tandis que les teneurs étaient faibles au cinquième et au dixième niveau. L'aspect et la richesse même de la couche rappellent plutôt le South reef que le Main-Reef du Rand.

Le reef est reconnu en direction sur une longueur de près de 1.300 mètres par 12 puits distants d'environ 100 mètres, et la partie la plus constamment riche se trouve environ au centre, au puits n° 7 ; nous avons essayé de nous rendre compte s'il y avait quelque loi d'appauvrissement de ce centre vers les extrémités : nous n'avons rien constaté de semblable.

Comme allure, la couche est, en moyenne, très continue et peu accidentée ; pourtant, l'on a trouvé récemment, au fonds du puits n° 10, un gros dyke.

La teneur moyenne est actuellement, en pratique, d'environ 45 grammes à la tonne ; elle a été jusqu'à 60, à un moment où l'on travaillait avec peu de pilons et seulement les parties riches ; il est probable qu'elle paraîtra s'appauvrir encore, par suite de l'augmentation de la batterie qui permettra de traiter des minerais plus pauvres laissés de côté jusqu'ici.

Un peu au nord, c'est-à-dire au toit du reef de Nigel, un autre reef à galets plus gros, mais plus pauvre (environ 7 à 9 grammes à l'amalgamation), n'a pas encore été exploité.

A l'est et à l'ouest du Nigel, on est actuellement en travaux d'exploration plus ou moins avancés. Vers l'est, se trouve la Marieval-Nigel, où l'on a, paraît-il, pu suivre l'affleurement des couches. Vers l'ouest, la Western-Nigel occupe le deep immédiat du reef de Nigel, qui doit y exister entre 200 et 300 mètres de profondeur; puis viennent les concessions de Romola et de Florida, où l'on observe un contact de schistes et de quartzites analogue à celui du Nigel, sans avoir, croyons-nous, prouvé l'existence d'un conglomérat riche en or situé entre les deux.

Les recherches dans toute cette région sont rendues difficiles par deux faits qui ne se présentent pas dans le Witwatersrand proprement dit : d'une part, les couches étant presque horizontales, leur intersection avec la surface du sol décrit des sinuosités très prononcées et amène peut-être même plusieurs réapparitions du même reef dans des vallées successives; la géologie générale de la région n'ayant pas encore été faite avec suffisamment de soin, il faudrait une très longue étude pour raccorder entre eux les lambeaux de reefs disséminés, sur lesquels se sont établis, de place en place, des travaux d'exploration, qui tous croient tenir un tronçon du reef de Nigel (*). D'autre part, ce reef étant fort mince et compris entre deux terrains de nature aussi différente que des schistes et des grès quartzites, il est très fréquemment arrivé que l'action d'érosion des eaux superficielles se soit portée principalement sur ce contact et ait amené des glissements du toit sur le mur, glissements dans lesquels le reef tout entier s'est trouvé laminé et a disparu sur l'affleurement; nous avons pu constater par nous-mêmes que, dans certaines descenderies placées hardiment sur l'emplacement présumé du reef, c'est-à-dire sur le contact des schistes et des quartzites, en un point où aucun conglomérat n'apparaissait à la surface, on finissait parfois,

(*) C'est ainsi que notre carte Pl. II dessine deux reefs au sud d'Heidelberg, l'un que nous avons pu suivre sur une grande longueur le long du Biesbok-spruit, l'autre que M. Goldmann a préféré raccorder hypothétiquement au Nigel, et qui s'en va vers Molyneux et Blinkpoort.

à 30 ou 50 mètres de la surface, par retrouver ce conglomérat à sa place rationnelle. On est donc amené, dans tout le district d'Heidelberg, à chercher d'abord le conglomérat le long de la ligne de contact (seule visible) des schistes et quartzites ; après quoi, ce conglomérat ayant été trouvé, une seconde démonstration reste à faire : celle de sa richesse en or.

Nous ne décrirons, des très nombreuses recherches entreprises dans cette région, que celles que nous avons eu l'occasion de visiter auprès d'Heidelberg et à Blinkpoort.

Au voisinage de la ville d'**Heidelberg**, on rencontre une nombreuse série de conglomérats alternant avec des quartzites et plongeant faiblement au nord, série qu'on a, plus ou moins hypothétiquement, cherché à assimiler avec la série du Main-Reef du Witwatersrand. La coupe du sud au nord est la suivante.

Au sud de Heidelberg et dominant la ville, se trouve une haute colline de quartzites, contenant un banc épais de conglomérats à gros galets qu'on pourrait identifier avec celui de la vallée de Geldenhuis (situé au Nord de Johannesburg).

Puis viennent un reef pauvre à petits galets, le railway cutting reef (rencontré dans la tranchée du chemin de fer), conglomérat très chargé de mica blanc avec un lit de quartzites micacé à son mur, et le stripe pebbles reef, c'est-à-dire le reef à galets rayés, sur lequel on a fait autrefois beaucoup de recherches reprises aujourd'hui, mais qui paraît généralement pauvre, bien qu'aurifère (4 à 7 grammes).

Ce reef doit son nom à la présence très caractéristique de nombreux galets (souvent anguleux) de quartzite rubané et d'arkose silicifiée : en quoi il se rapproche du reef de la vallée de Geldenhuis, au Nord de Johannesburg et diffère, au contraire, du Main-Reef qui n'en contient jamais. Il est formé d'un reef principal, d'environ 0m,80 à 1 mètre, et de 3 veines, ou leaders, de 0m,8 à 0m,10 séparées par des intervalles de grès de 0m,25.

On le connait, par exemple, à l'ouest d'Heidelberg, au bord de la rivière Beesbokspruit dans la ferme de Boschfontein.

Quand on continue vers le sud, on rencontre encore d'autres reefs semblables et l'on traverse enfin une couche de schistes, au contact de laquelle de nombreux travaux de prospection recherchent, en ce moment, le Nigel reef.

Tous ces bancs sont à peu près horizontaux, plongeant à peine de 20 à 30°, en sorte que leurs affleurements dessinent des contours compliqués.

Néanmoins, la présence de quelques couches caractéristiques, comme le reef à galets rayés et le mince conglomérat au contact des schistes et des quartzites, permet de suivre assez bien cette série de bancs vers l'Ouest, à travers les fermes de Boschbock, Schikfontein, Sterkfontein, Brakfontein, etc.

C'est sur un contact analogue de schistes et de grès que se trouve le reef de Molyneux, un banc de conglomérat fin, avec 8 centimètres de gros galets à ciment pyriteux à la base, le tout reposant sur des schistes.

Dans les recherches actuelles de **Blinkpoort**, on croit être sur ce reef de Molyneux qui a là un plongement de 30°: la coupe comprend des grès avec, à la base, 0m,20 à 0m,25 d'un conglomérat à galets très petits assez anguleux et très pyriteux reposant sur des schistes: au contact même des schistes, se trouve, dans la zone superficielle, une veine oxydée de 2 à 3 centimètres, où s'est concentré le maximum de teneur en or.

Avant de passer maintenant aux autres reefs plus élevés dans la série, tels que le Kimberley reef ou le

Black reef, nous allons revenir un moment dans l'Ouest du Rand pour étudier quelques gisements que nous avons laissés de côté jusqu'ici et qu'une courbe tout hypothétique raccorde, sur les cartes, à la série du Main-Reef, jusqu'à Potchefstroom et à Klerksdorp.

De ce côté, nous avons débuté tout à l'heure par Luipaardsvlei, les West Rand Mines et le Champ d'Or ; au delà de Luipaardsvlei vers l'ouest, on peut juger, sinon d'après le Main-Reef dont on perd la trace, au moins par toutes les couches encaissantes et surtout par les Bird reef et Kimberley (ou Battery) reefs toujours bien caractérisés, que la série des reefs s'infléchit brusquement et prend la direction N.-S., reconnue sommairement à Randfontein; après quoi, elle semble, à travers les fermes de Middevlei, Hartebeest-fontein et Witfontein, retrouver sa direction première. Ce qu'elle devient ensuite n'est pas encore connu; mais l'inspection d'une carte géologique générale, comme celle de Draper et Wilson Moore, dans l'ouvrage de Goldmann, si inexacte qu'elle puisse être dans les détails, permet de s'en faire une idée approximative ; on peut voir, en effet, sur la carte (Pl. II) que nous avons empruntée en grande partie à cet ouvrage, l'étage des quartzites et conglomérats, après un rejet produit par la rencontre d'un dyke qualifié de granite, former une longue crête anticlinale N.-E. — S.-O. recouverte des deux côtés par les calcaires dolomitiques (qui peuvent masquer les affleurements de certaines couches, mais ne les empêchent pas d'exister en profondeur), et l'on rejoint ainsi la région de Buffelsdoorn, où les exploitations reprennent sur une série aurifère analogue à celle du Rand, dirigée N.-E. — S.-O. avec plongement Est. C'est de ces derniers travaux seulement que nous parlerons. Nous remarquerons, d'ailleurs, que leur situation à proximité très immédiate du calcaire dolomitique superposé ne concorde pas avec la position stratigraphique du Main-Reef dans le Rand; mais, comme la dolomie repose en stratification discordante sur les quartzites, ce n'est pas là une objection absolue à l'assimilation souvent proposée du reef de Buffelsdoorn avec le Main-Reef; car elle peut se trouver venir ainsi en contact avec des couches plus ou moins élevées de cet étage.

A **Buffels doorn Estate** (*), on exploite seulement un reef appelé White reef (couche blanche); mais, à 20 mètres au mur (N.-O.), existe un autre reef à très gros galets exploité, le North reef, et, 120 mètres plus loin dans la même direction, on rencontre un reef à petits galets appelé Red-Reef (couche rouge), auquel on attache une importance, peu justifiée jusqu'ici par les faits, sur certaines concessions voisines. A 30 mètres au sud du White reef, se trouve également un reef à gros galets sans valeur; puis vient une crête de quartzite très nette et, à 1.200 mètres environ de distance, un reef presque horizontal assimilé au Black reef.

Le White reef, dans les travaux actuels de Buffelsdoorn, présente un aspect extrêmement particulier, tout différent de ce qui existe dans le centre du Rand, et dont nous n'avons guère trouvé jusqu'ici l'analogue (encore avec de grandes dissemblances) que dans l'Est, vers Modderfontein ou Rietfontein. Au lieu d'être un conglomérat, c'est presque partout un simple quartzite, qui ne se distingue en rien au premier abord des quartzites encaissants (bien que, vers l'Ouest, il commence à se charger un peu de galets) (**). Il en résulte une très grande difficulté pour suivre le minerai dans la mine, et les erreurs de ce chef paraissent être fréquentes : on exploite constamment de la roche stérile, tandis qu'on doit

(*) Éch. 1482 (1 à 20).

(**) Il ne serait pas impossible que ce quartzite se transformât en conglomérat à une certaine distance.

laisser, sans les prendre, bien des parties relativement riches. Il semblerait pourtant qu'une étude un peu plus attentive et plus théorique du minerai (étude qui n'est, en aucune façon, dans les goûts ni même à la portée de la majeure partie des ingénieurs anglais du Transvaal), pourrait rendre l'abatage plus rationnel. Lorsqu'on examine, en effet, les quartzites aurifères de Buffelsdoorn, on s'aperçoit que l'or y est, comme partout, associé à la pyrite, et cette pyrite, bien que peu visible, se concentre suivant certaines veinules ou, par un phénomène curieux que nous constaterons également à l'Orion, elle est très fréquemment accompagnée d'une matière charbonneuse noirâtre, ayant peut-être exercé une action sur la précipitation de l'or (*). Ces veinules pyriteuses et charbonneuses sont disposées en tous sens dans la roche, non seulement suivant la stratification, mais aussi transversalement (**). Elles semblent pourtant particulièrement abondantes à la base des quartzites, où, en même temps, on rencontre quelques rares galets. Quand on les trouve ailleurs, il semble également qu'elles accompagnent un grès plus grossier formé d'éléments plus gros que le quartzite environnant.

Au mur, le banc de minerai semble généralement assez bien limité; mais au toit, il passe progressivement au quartzite stérile. Son épaisseur exploitée, qui est considérable, mais contient des quantités très fortes de roche absolument stérile, atteint souvent 6 ou 7 mètres. Il est traversé par des veines de quartz de 8 à 10 centimètres de large, avec cristaux de pyrite de cuivre, galène, blende (parfois même d'or) assez volumineux et salbandes argileuses, c'est-à-dire présentant quelques caractères

(*) A Kongsberg en Norvège, on retrouve de même de l'anthracite dans des filons d'argent qui se présentent sous forme de veines d'une minceur extrême.

(**) Éch. 1483 (7 à 11).

filoniens, bien qu'elles résultent probablement d'une simple sécrétion. La teneur est faible, probablement environ 14 grammes par tonne métrique d'après les chiffres communiqués par la société ; mais les résultats de l'exploitation sont encore trop incomplets pour permettre de rien préciser à cet égard.

A l'Est, les couches de la Buffelsdoorn sont limitées brusquement par un dyke de roche éruptive qui les rejette au Nord. Vers l'Ouest, elles peuvent se suivre très loin, vers Buffelsdoorn A, Buffelsdoorn Consolidated, etc. En profondeur, elles ont été coupées, entre le cinquième et le sixième niveau, par un dyke longitudinal analogue à ceux du Crown reef, East Rand, etc., dyke très épais que les travaux viennent à peine de traverser. En deux points, au cinquième niveau ouest et est, nous avons constaté un élargissement notable (sans doute accidentel) du reef là où il arrive au contact de ce dyke longitudinal.

Pour terminer notre étude sur les couches aurifères, il ne nous reste plus maintenant qu'à parler brièvement des reefs secondaires, situés au Sud, c'est-à-dire au toit de la série du Main-Reef.

Quand on traverse le Main-Reef pour se diriger vers le Sud, on rencontre, au milieu des quartzites qui forment la masse du terrain, de très nombreux bancs de conglomérat qui, bien souvent, contiennent des traces plus ou moins fortes d'or : ce qui ne veut nullement dire que cet or y soit exploitable.

Parmi ces reefs du Sud, nous avons déjà mentionné, chemin faisant, le Bird reef et le Kimberley reef ou Battery reef, et dit un mot des travaux faits sur ce dernier à Rip, Battery Extension, Marie-Louise (au Sud de Vogelstruis), ainsi que du rôle qu'il joue dans les travaux de prospection de Modderfontein Extension ou de Kippfontein.

Dans l'ouest, on retrouve ce Battery reef au Sud des

West Rand, sur la Violet; il se coude là vers le Sud, accompagné au toit par un reef nommé le Burgers reef et traverse la ferme de Rietvlei du Nord au Sud, parallèlement au Reef de Randfontein.

Directement au Sud de Johannesburg, on rencontre, également à 5 kilomètres de la ville, sur la crête de Rosettenstein, au dessus de la pente du champ de course, une énorme masse de conglomérats qui n'a donné lieu qu'à quelques travaux sans importance et ne contient que des traces d'or, mais est remarquable par la grande abondance et l'énorme volume des galets de quartzite blanc qu'elle contient.

Un peu plus loin vers le Sud, on trouve d'autres bancs de conglomérats également très épais et très nombreux, sur lesquels ont porté jadis les recherches de la mine de Paaz (*), et, presque immédiatement après, on entre dans la grande masse de diabases amygdaloïdes qui s'étend, de l'Ouest à l'Est, sur 30 kilom. de long et 1 kilom. de large, de la ferme de Doornkop à Olifantvlei, Rietvlei, etc.

C'est au sud de ces masses éruptives, et, en bien des points, au contact des calcaires dolomitiques, que se trouve un très curieux reef, souvent très riche, mais aussi fort irrégulier, que l'on nomme le **Black reef**, reef exploité à l'Orion (ferme de Roodekop) et dans les exploitations voisines, Minerva, etc., et qui paraît bien être le même que celui retrouvé, plus à l'Ouest, à Steyn Estate et Madeline (où les résultats ont été jusqu'ici, croyons-nous, peu encourageants), puis à Midas et, peut-être même, jusqu'au delà de Buffelsdoorn (**).

(*) C'est l'Elsburg reef (ainsi nommé du village d'Elsburg), que l'on a exploité jadis à l'Aurum Company. En allant à l'Orion, on rencontre aussi un gros reef de 4 à 5 mètres, l'Eagles reef, à forts galets, qui n'est pas exploitable.

(**) L'assimilation du reef d'Eastleigh au sud de Buffelsdoorn avec le Blackreef est faite à une si grande distance qu'on doit la considérer comme très hypothétique.

Le gisement d'**Orion** (*) présente un très grand intérêt géologique, c'est pourquoi nous nous y arrêterons un peu longuement; il est, en effet, absolument différent des autres, et c'est peut-être le point où l'on saisit le plus manifestement sur le fait le rôle joué par le charriage de la pyrite et sa sédimentation dans les formations aurifères du Rand; il paraît, en outre, en relation assez directe avec les diabases et, comme il est très rapproché de l'axe de la grande cuvette synclinale de la région, l'allure même des dépôts, presque horizontaux, y est fort caractéristique.

La coupe est la suivante : à la base, se trouve une nappe de diabase présentant parfois de curieux étoilements (**), dont nous donnerons plus loin la description. Cette diabase, qui vient s'intercaler dans les couches sédimentaires presque parallèlement à leur direction, entre les quartzites du Rand au Nord (c'est-à-dire au mur), et des quartzites immédiatement surmontés de calcaires dolomitiques noirs au toit, présente une série d'ondulations remarquables, de dépressions et de saillies, allongées dans le sens Est-Ouest, conséquence possible du plissement des terrains auxquels elles sont parallèles ; il en résulte un certain nombre de rigoles Est-Ouest (schoots ou channels), dans lesquelles s'est nettement concentré le minerai, en sorte que, de la rencontre d'un nombre plus ou moins grand de ces rigoles, dépend absolument l'avenir des mines.

Et, dans ces rigoles, le minerai, composé d'une masse à peu près compacte de pyrite aurifère, a été nettement stratifié ; ce n'est en aucune façon (au moins sous sa forme actuelle) un gîte filonien, puisque, même à l'œil nu, on voit, de tous côtés, apparaitre les galets de pyrite rou-

(*) Collection, 1481.
(**) Éch. 1481 (13 à 14).

lés (*). Il s'est même produit là une préparation mécanique assez nette, conséquence naturelle du charriage, en raison de laquelle la zone riche en or est toujours à la base — cela indépendamment de la structure du minerai, qui est formé de pyrite roulée à grains plus ou moins fins, les lits à gros galets de pyrite pouvant aussi bien se trouver en haut qu'en bas de la couche (**). — Dans le Rand nous avions bien noté, à diverses reprises, une certaine tendance à la concentration de l'or vers la base; mais, ici, le fait est absolument caractérisé.

Il y a, ce nous semble, plusieurs remarques à faire au sujet de cette formation : d'une part, l'existence de galets roulés de pyrite ayant 5 à 6 millimètres de diamètre, prouve, étant donnée la friabilité extrême de cette substance, que cette pyrite a été à peine déplacée de son point de formation et de précipitation chimique, qu'elle a subi simplement dans les vagues un roulement presque sur place; et cela concorde avec l'allure des rares galets de quartz qui ne jouent plus ici qu'un rôle insignifiant, galets blancs, noirs, ou parfois rouge sombre, pour la plupart encore anguleux, irréguliers, ressemblant plutôt aux fragments d'une brèche qu'à un conglomérat et comme saisis sur le vif (***). Les galets proprement dits n'apparaissent que sur la périphérie de ces dépressions remplies de pyrites; on y voit alors le minerai reprendre parfois peu à peu l'aspect d'un conglomérat habituel.

(*) Sur les roches d'affleurement où la pyrite a, comme toujours, disparu, on voit très bien les cavités rondes laissées par ces petits galets pyriteux au lieu des vides anguleux habituels dans les quartz aurifères. On a émis l'idée que la forme spéciale du Blackreef pourrait tenir à ce qu'il résulterait d'un simple remaniement des reefs antérieurement formés; mais, comme on trouve également à la base du Rietfontein reef, c'est-à-dire à la base de toute la série (Ech. 1478,2), une couche analogue à galets de pyrite roulés, cette théorie paraît peu soutenable.

(**) En dehors de la pyrite roulée, il existe des zones de pyrite cristallisée qui peuvent être dues en partie à un phénomène secondaire.

(***) Ech. 1481 (4 et 5).

On peut donc se demander si nous n'aurions pas là sous les yeux l'effet d'un remaniement immédiat, ayant porté sur une formation pyriteuse aurifère, chimiquement précipitée, qui pourrait très bien elle-même avoir été produite au contact de la diabase à la suite de l'intrusion de cette roche au milieu de la sédimentation.

En tout cas, cette sédimentation de la pyrite paraît s'être produite postérieurement au plissement de la diabase, puisqu'elle s'est déposée dans les creux de cette roche et antérieurement à la formation des couches postérieures de quartzites, qui reposent très régulièrement et presque horizontalement sur le toit du minerai (*). Ces quartzites eux-mêmes, épais d'environ 20 mètres, sont presque immédiatement surmontés par des calcaires noirs, les premiers calcaires que nous rencontrions dans la série géologique du pays : calcaires dont l'apparition doit correspondre à un changement dans les conditions du dépôt, et au-dessus desquels, en fait, on ne trouve plus d'or.

Nous noterons encore que les métaux étrangers, tels que le cuivre, le plomb, le cobalt, le nickel, l'arsenic, etc., dont l'analyse nous avait seulement décelé de rares traces dans les minerais du Rand, sont ici assez abondants pour avoir attiré l'attention des mineurs.

En résumé, le gisement d'Orion consiste dans un certain nombre de rigoles E.-O. (schoots ou channels), remplies de pyrite aurifère ; on avait trouvé deux de ces rigoles avant février 1895, on en a rencontré une autre depuis, vers le Nord, et rien n'empêche théoriquement qu'il en existe d'autres au Sud, sous les terrains supérieurs qui les masquent actuellement.

Ces amas pyriteux, allongés dans le sens E.-O., sont

(*) Dans certains gisements du Blackreef, cette intercalation de quartzites au toit disparaît, dit-on ; ainsi, à Eastleigh, on aurait trouvé, paraît-il, le reef, immédiatement sous le calcaire.

connus : les deux premiers sur 810 mètres, l'autre sur 1.200 mètres de long, avec une largeur de 150 mètres dans le premier cas, de 80 dans le second. Leur épaisseur est très variable entre 0 et 6 mètres, mais peut être évaluée à $1^{m},30$ en moyenne. Le minerai, assez réfractaire à la cyanuration, ne rend guère que 70 p. 100 de l'or contenu, soit en moyenne, pour les deux dernières années, 30 grammes par tonne métrique (18 dwt par short ton du Transvaal).

Les minerais sont formés d'une masse de pyrite, tantôt fine, tantôt formée de globules roulés, pyrite, soit blanche et brillante, soit sombre (cette dernière teinte passant pour plus favorable).

Au mur même de cette pyrite, dans la zone oxydée superficielle, seule atteinte jusqu'ici par les travaux et qui, par suite de l'horizontalité des couches, se prolongera très longtemps, il existe, le long de la pyrite, une veine mince d'hématite brune, mêlée d'argile parfois schisteuse, veine de 3 à 4 centimètres (*), produite sans doute par l'infiltration des eaux de surface suivant le contact, et où la richesse en or atteint son maximum, jusqu'à 3 kilogr. d'or à la tonne dans quelques essais. C'est cette veine sombre, qui a fait donner à la couche son nom de reef noir (Black reef). Le long de ce délit argileux, on trouve souvent, par un phénomène que nous avons également constaté à Buffelsdoorn, des matières charbonneuses graphitiques, ayant pu jouer un rôle dans la précipitation de l'or. Il est possible que cette action des eaux superficielles ait amené, suivant cette veine d'hématite, une certaine concentration de l'or; on a cru, en effet, remarquer que le minerai était plus riche là où la roche du mur était plus décomposée : ce qui correspond, d'ailleurs, fréquemment avec le fond des synclinaux.

(*) Éch. 1481 (6 et 7).

Vers le Sud de la même région, on rencontre des lits, non plus d'hématite, mais de bioxyde de manganèse, interstratifiés, qui ont également la propriété de servir de chenal aux eaux de surface.

A l'Est d'Orion se trouvent les mines de Minerva et de Blackreef proprietary; dans l'Ouest, nous décrirons simplement la mine de Midas; mais plus loin, vers Klerksdorp, on rattache encore à la même formation le gisement d'Eastleigh, où un reef, également presque horizontal (avec léger plongement Ouest), est directement recouvert par le calcaire dolomitique (Oliphant Klip), sur lequel s'appuient à leur tour les couches du Gastrand.

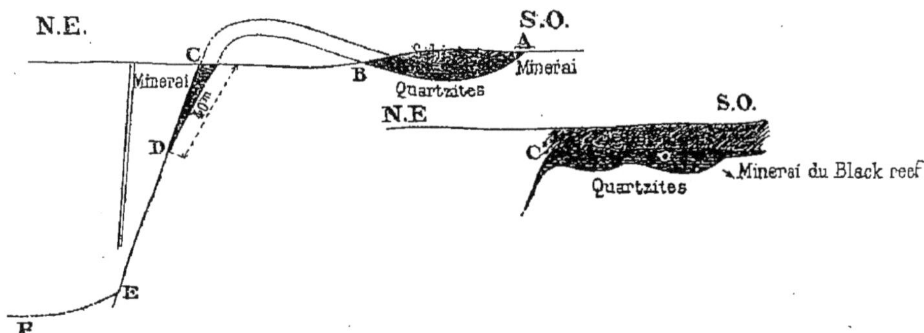

Fig. 11.
Coupes théoriques transversales du gîte de Midas (Black reef).

A **Midas** (*) la coupe théorique, qui paraît jusqu'ici résulter des travaux, est représentée par deux croquis ci-dessus (*fig.* 11). De premières recherches ont exploré la lentille AB, où le minerai riche avait une épaisseur moyenne de $0^m,30$ et sont venues rapidement ressortir au jour, en B; après quoi, on est descendu presque verticalement en CD, où l'on a bientôt, à 40 mètres de la surface, trouvé un brouillage et un étirement du reef; le

(*) Éch. 1482.

plan CD ayant tout l'air d'une faille, nous ne serions pas surpris que l'on retrouvât un peu plus bas, en EF, le prolongement de la couche rejetée : en attendant, on a exploré un peu plus loin vers l'Ouest (et hors de la concession) une autre lentille horizontale C'B', située à 20 mètres de profondeur, et reconnue actuellement sur près de 2 kilomètres de long et 800 mètres de large, lentille qui, à l'extrémité des travaux en C', paraît limitée par le même accident.

Ce reef, que l'on assimile au Black reef sans raison absolue, mais qui présente certainement avec lui beaucoup de caractères communs, se trouve dans une situation géologique différente, intercalé entre des schistes au toit et des quartzites au mur; la coupe est la suivante :

Schiste.	
Blue-bar (quartzite).........	1^m à $1^m,30$
Schiste......................	$0^m,60$
Conglomérat................	0^m à 1^m
Quartzite.	

Au toit, les schistes renferment plusieurs bancs de quartzites durs; quant aux quartzites du mur, ils n'offrent pas des ondulations aussi nettes que le mur de l'Orion; et le reef n'atteint pas non plus d'aussi grandes épaisseurs; mais il est également ici de puissance fort irrégulière entre 0 et 1 mètre et, par endroits, disparaît même complètement.

Ce reef est un véritable conglomérat à très petits galets de la grosseur d'un pois, englobés dans un ciment brun micacé, où la concentration de l'or à la base est loin d'être aussi nette qu'à l'Orion, bien que la pyrite semble également disposée parfois par lits stratifiés. Les teneurs aux essais sont, dit-on, souvent très fortes, mais avec l'irrégularité habituelle dans ce genre de gisements.

C. — Description spéciale des minerais d'or du Witwatersrand.

Jusqu'ici nous avons étudié l'allure générale des conglomérats aurifères du Witwatersrand, sans entrer dans aucun détail sur la structure des roches qu'on y exploite ; c'est maintenant le moment d'examiner celles-ci d'un peu plus près.

Les minerais d'or du Witwatersrand sont, nous l'avons dit déjà, d'un type tout à fait particulier, qui ne correspond à peu près à rien de ce qu'on peut observer dans les mines d'or des autres pays.

Ils sont, en effet, composés de conglomérats (accessoirement de grès grossiers ou quartzites) à éléments quartzeux plus ou moins roulés, soudés par une pâte siliceuse englobant de petits grains de quartz, et renfermant des veines de pyrite, avec lesquelles l'or paraît avoir été toujours originellement associé.

La dimension des éléments roulés peut être extrêmement différente d'un banc aurifère à l'autre, sans que cette grosseur donne un indice constant de la richesse en or ; c'est ainsi que nous pouvons trouver une teneur égale dans un conglomérat à galets de 6 ou même 10 centimètres de diamètre, comme est parfois le Kimberley reef, ou dans un simple quartzite à grains fins, comme le reef de Buffelsdoorn ; cependant, dans une couche donnée, correspondant à une période de dépôt déterminée, et surtout en un point particulier de cette couche, on peut dire, d'une façon presque constante, que l'or se concentre avec les éléments les plus gros, c'est-à-dire ceux dont le déplacement par les eaux a exigé le plus de force. Cela est vrai dans les conglomérats proprement dits ; cela se vérifie également pour les conglomérats à grain fin ou les simples quartzites; ainsi. quand on observe un quartzite aurifère comme celui de Buffelsdoorn, on voit la pyrite aurifère accompagner de préférence les parties de ce quartzite qui tournent au grès plus grossier et, si quelques galets disséminés constituent dans la roche un cordon même très discontinu, c'est le long de ce cordon qu'on trouvera la pyrite aurifère. Enfin, l'examen microscopique montre également une tendance des plages de pyrite et d'or à se concentrer et s'aligner au voisinage des galets.

Mais il peut très bien exister, à quelques mètres de distance d'un simple quartzite ou d'un poudingue à petits éléments contenant de l'or, un banc à gros galets absolument stérile; et deux bancs voisins à galets identiques peuvent être très inégalement aurifères. C'est un fait dont le Main-Reef et le Main-Reef Leader, par exemple, couches généralement très rapprochées, donnent une preuve fréquente: le Main-Reef, avec des galets de grosseur identique à ceux du Leader ou même plus volumineux, a presque constamment une teneur beaucoup moindre (*).

(*) Il peut être intéressant de rappeler, à ce propos et comme point de comparaison, les caractères présentés par les couches d'alluvions pliocènes aurifères, soit en Californie, soit en Australie. Dans l'ensemble, ces dépôts se rencontrent le long d'anciens thalwegs (aujourd'hui souterrains) de rivières anciennes, et sont localisés suivant ces thalwegs, aujourd'hui bien connus par des puits et des sondages. En outre, l'or y est accumulé presque exclusivement dans la strate inférieure, sur la roche du fond et principalement dans les anfractuosités de celle-ci : il est rare d'avoir, presque immédiatement au dessus, une ou deux autres couches de gravier aurifère séparées par des lits d'argile. Ces formations sont donc très différentes de ce que nous observons au Witwatersrand; cependant la préparation mécanique, produite ici par le cours d'eau, y a amené une concentration analogue de l'or dans le gravier à gros galets, le blue gravel, dont l'épaisseur varie de quelques centimètres à 12 ou 15 mètres. On exploite, en somme, des couches de graviers et de galets souvent soudées par un ciment siliceux cristallin et contenant en abondance de la pyrite de fer cristallisée en cubes, c'est-à-dire une sorte de conglomérat aurifère ; l'or est uniquement avec

Nous venons de mentionner, pour être complet, le cas de quartzites aurifères; mais le minerai, de beaucoup le plus fréquent, surtout dans les anciennes mines du centre du Rand, est un conglomérat à galets de dimensions variables entre une noisette et un œuf. La connexion de l'or avec les conglomérats s'interprète également bien dans les deux seules hypothèses que l'on puisse faire sur le mode de venue du métal précieux : si cet or est arrivé par charriage, comme dans un placer, ou même si, d'une façon quelconque, une action de transport est intervenue, il est naturel qu'un phénomène de simple préparation mécanique ait réuni le métal, en raison de sa densité, avec les fragments également difficiles à entraîner par l'eau (non plus à cause de leur poids spécifique, mais à cause de leurs dimensions), comme sont les galets, tandis que les sables fins continuaient à être portés plus loin; si, au contraire, l'or résulte simplement d'une précipitation chimique contemporaine du dépôt ou postérieure, la circulation des dissolutions aurifères a dû se faire plus facilement entre les gros galets qui formaient un filtre largement ouvert, qu'au milieu des sables tassés et laissant peu d'intervalles pénétrables (*).

Dans le conglomérat aurifère, qui constitue donc le minerai habituel, nous avons, en somme, à étudier deux parties bien distinctes et pouvant avoir une origine tout

---

ces galets, non avec les lits d'argile intermédiaires; et cet or est d'autant mieux concentré que la préparation mécanique a été plus complète : ce qui se marque par la séparation nette des argiles et des graviers à éléments de diverses grosseurs (Cf. *Gîtes Métallifères*, II, 964).

(*) Les parties riches se trouvent souvent, comme nous l'avons dit, dans certaines veines minces à gros galets (ou leaders) à côté d'un conglomérat presque stérile. Parfois ces lits riches à gros galets se trouvent à la base du banc, comme cela s'explique logiquement par la préparation mécanique résultant de la sédimentation : ainsi dans le South reef du centre du Rand; mais parfois aussi ils sont à la partie supérieure : ainsi dans le Main-Reef Leader de la même zone.

à fait indépendante : les galets, plus ou moins volumineux, qui, par une particularité d'un intérêt capital, ne contiennent jamais d'or, cela quel que soit leur diamètre, sinon parfois dans de petites fissures, et le ciment, où l'or est, au contraire, concentré avec la pyrite de fer et la silice.

Galets et ciment sont, en général, très intimement soudés; sauf aux affleurements, où la dissolution de la pyrite sous l'action des eaux superficielles a désagrégé la roche, ils ne font qu'un et, presque toujours, quand on casse un fragment de conglomérat, galets et ciment se cassent ensemble, suivant une même surface plane, où les galets ne se dessinent donc que par leur section circulaire ou elliptique, tantôt plus claire, tantôt plus foncée que la pâte enveloppante.

Parlons d'abord de ces galets : les galets des conglomérats aurifères de la série du Main-Reef sont toujours exclusivement formés de quartz ou d'un quartzite à grain très fin, d'un noir mat; dans certains reefs à gros galets, soit au-dessus, soit au-dessous du Main-Reef, on trouve, en outre, des galets, souvent fort volumineux, de quartzite à grain plus gros, analogue à celui qui encaisse les gîtes; jamais on ne rencontre aucune trace de roche ancienne, telle que gneiss, granite, granulite, etc. La conclusion à tirer de ce fait, c'est, croyons-nous, que ces galets résultent d'un charriage assez prolongé pour avoir détruit toutes les roches plus friables en ne laissant que le quartz qui, dans une action mécanique de ce genre, est toujours le dernier à se réduire en poussière. Nous avons déjà remarqué que la présence fréquente de galets plats, en particulier dans le South reef, donnait à penser (comme l'allure générale de la formation, du reste) que ce charriage avait eu lieu, non le long d'un cours d'eau, mais sur une plage par l'action des vagues ; les galets plats sont parfois empilés obliquement à la stratification (New

Crœsus) comme on peut l'observer dans certaines formations actuelles du même genre (*).

Les quartz des conglomérats sont de plusieurs natures, mais avec ce caractère commun d'être hyalins et légèrement vitreux (ni opaques ni laiteux), les uns blanc bleuté, les autres noir enfumé, ces derniers ayant, dans quelques mines, la réputation (peu justifiée, ce semble) d'annoncer le minerai riche. Au microscope, ils se montrent remplis d'inclusions et présentent le caractère de quartz brisés et soumis à des actions dynamiques.

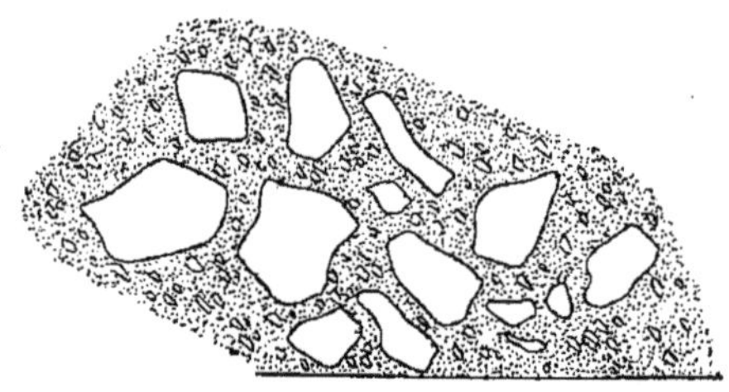

Fig. 12.
Exemple de galets anguleux et irrégulièrement disposés dans un conglomérat de la Wemmer (South reef, 8e niveau) $\left(\frac{1}{2}\text{ nature}\right)$

Quand on examine en détail une coupe de conglomérat, on constate constamment l'existence de galets à angles vifs, ou tout au plus émoussés (*fig.* 12; Pl. II, *fig.* 3 et 4), qui proviennent sans doute de la fragmentation presque sur place de quelques galets plus gros; parfois aussi des morceaux de quartz anguleux paraissent s'emboîter les uns dans les autres, séparés seulement par des veinules pyriteuses, comme si, là encore, on avait affaire à un

(*) Le Dr Koch (*in* Schmeisser, *loc. cit.*, p. 46) a fait remarquer que ces galets plats portaient souvent la preuve d'actions mécaniques : ce qui est parfaitement exact ; mais il nous semble impossible, quand on les a examinés, non sur quelques échantillons, mais sur de grandes masses de minerai, d'attribuer leur aplatissement uniquement à un phénomène de compression.

gros galet brisé (peut-être postérieurement à la formation du conglomérat), dont les débris seraient restés à peu près juxtaposés.

Dans certains cas aussi, le passage du galet au ciment encaissant est difficile à observer : on dirait que le ciment a fait corps avec ce galet, peut-être par une recristallisation secondaire.

Enfin, l'on observe constamment, dans l'intérieur de ces quartz, en particulier dans ceux du South reef, des brisures internes, des craquelures montrant qu'ils ont été soumis, après leur dépôt, à une pression, à un laminage énergiques.

Le ciment, qui soude ces galets les uns aux autres, renferme de la pyrite de fer bien visible, de la silice ayant recristallisé par action secondaire, des grains de quartz englobés à contours brisés, dentelés ou arrondis (provenant, sans doute, du sable resté entre les gros galets), et, enfin, de l'or. Accessoirement on y observe au microscope quelques-uns des éléments ordinaires les plus résistants des roches cristallines, rutile, zircon, etc.

Nous dirons, de suite, que, d'une façon générale, l'or n'est pas visible dans le minerai du Transvaal ; c'est très exceptionnellement seulement qu'un peu d'or libre a cristallisé, à la suite d'une redissolution secondaire, soit sur un plan de joint où il forme un enduit, soit dans une veine de quartz, où il constitue parfois des cristaux assez volumineux (*) ; mais, à moins d'un hasard de ce genre, on peut parcourir tous les chantiers des mines du Witwatersrand sans y voir une trace d'or.

Il existe, cependant, une certaine proportion d'or à l'état libre dans ce minerai, et on en constate la présence, soit par un examen microscopique, soit, plus aisément,

---

(*) On en a trouvé quelques beaux échantillons à la Jumpers, à la Wemmer, etc.

par un simple essai au pan, qui isole aussitôt, même quand il s'agit d'un minerai de profondeur, une traînée jaune d'or natif accompagnant une traînée de pyrite qui est également aurifère. Au microscope, l'or libre se montre en lamelles très minces d'épaisseur submicroscopique, transparentes en jaune brun violacé ; quand ces lamelles atteignent l'épaisseur normale des plaques, soit $\frac{1}{100}$ de millimètre, l'or devient opaque, mais se différencie de la pyrite par son éclat plus jaune.

Libre ou combiné, l'or est en relation incontestable avec la pyrite de fer : ce qui est, d'ailleurs, d'accord avec les observations faites dans la plupart des mines du monde entier. Au début des exploitations du Transvaal, on avait pu en douter ; par un phénomène bien connu, le minerai superficiel (jusqu'à une profondeur de 20 à 50 mètres, correspondant au niveau hydrostatique) avait, en effet, subi une altération due au contact des eaux chargées d'oxygène de l'air, et sa pyrite s'était dissoute, laissant à sa place des vides plus ou moins réguliers dans lesquels l'or seul était resté à l'état libre et directement amalgamable, soit simplement sous la forme qu'il avait d'abord dans l'intérieur de la pyrite dissoute, soit parfois avec des dimensions plus fortes, tenant à ce qu'il avait subi une dissolution suivie d'une reprécipitation. En passant au-dessous de ce niveau hydrostatique, on est entré dans le minerai pyriteux (le blue) et la proportion d'or directement amalgamable a fortement baissé ; mais cet or, manquant à l'amalgamation, s'est retrouvé à l'état d'association à la pyrite, d'où on le retire par le cyanure de potassium (*).

(*) On a souvent discuté la question de savoir si l'or était combiné avec la pyrite de fer qui l'accompagne. Le fait que cet or est ici presque totalement soluble dans le cyanure de potassium, alors que la pyrite n'est pas attaquée, semblerait un argument en faveur de l'idée contraire.

Nous ne croyons pas qu'il soit nécessaire d'appuyer de beaucoup de preuves un fait aussi généralement admis que la relation de l'or avec la pyrite : l'une des meilleures, c'est que les concentrés, où se rassemble tout l'or ayant échappé à l'amalgamation, sont exclusivement composés de pyrite ; on peut, d'ailleurs, constater directement au microscope la présence de cristaux d'or, reconnaissables à leur teinte plus jaune, englobés dans de la pyrite. Mais il faut bien remarquer que, réciproquement, toute pyrite du Transvaal ne contient pas nécessairement de l'or ; en sorte que la présence de pyrite abondante dans un minerai et la teinte sombre qui en résulte pour celui-ci, tout en étant de bons indices pour la richesse en or, ne permettent pourtant, en aucune façon, de l'apprécier d'une manière même approximative.

D'ailleurs, d'une façon générale, en disant que l'or est associé à la pyrite, nous n'entendons pas qu'il en dérive par une altération, mais simplement qu'il s'est déposé en même temps par un phénomène corrélatif.

Étant donnée cette relation bien nette de l'or avec la pyrite de fer, notre premier soin doit être évidemment d'étudier la disposition de cette pyrite. Cette étude nous amène à plusieurs constatations fort intéressantes.

La première, c'est que la pyrite est presque constamment en grains roulés et, par suite, que, depuis le moment où elle a cristallisé jusqu'à celui où elle a pris dans le minerai la place où nous la voyons, elle a subi un transport, un charriage ; cette constatation est essentielle parce que, toutes les fois que nous la faisons, nous sommes évidemment forcé d'abandonner une théorie qui aurait pu paraître séduisante, celle du dépôt de la pyrite aurifère par imprégnation postérieure dans des couches perméables, jouant le rôle d'un filtre ou d'une éponge.

Or, l'état roulé de la pyrite est tout d'abord absolument caractérisé, même à l'œil nu, dans deux reefs situés, l'un au sommet, l'autre à la base de la série, le Black reef d'Orion et le North reef de Rietfontein, où nous l'avons déjà signalé ; dans ces deux cas, les galets de pyrite atteignent 3 à 4 millimètres de diamètre et prennent l'aspect de sorte d'oolithes, dont elles diffèrent par leur section qui ne présente pas une structure concrétionnée ; un diamètre aussi grand, avec une substance aussi friable que la pyrite, conduit même à penser que le charriage a dû être, pour la pyrite en question, très peu prolongé, puisqu'il a pu laisser subsister ces petits galets.

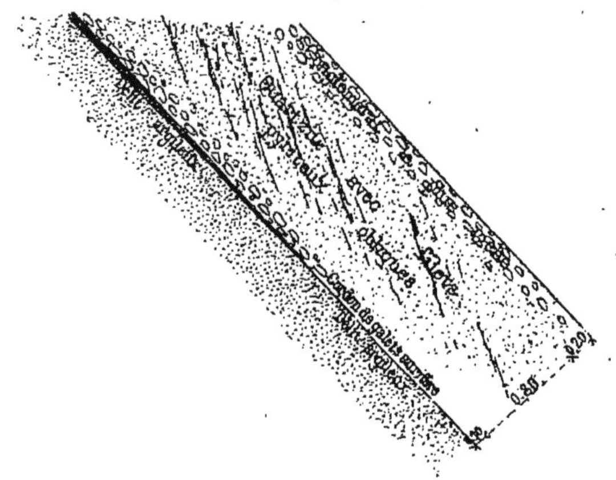

Fig. 13.
Coupe du Main-Reef Leader au 4e niveau Ouest de la City and Suburban, montrant de fausses stratifications pyriteuses.

En dehors de ces deux reefs, il suffit, dans la plupart des minerais de la série du Main-Reef, d'examiner la pyrite seulement à la loupe, ou, à plus forte raison, au microscope pour voir la forme arrondie d'un certain nombre de grains. Cette disposition est en relation avec un autre fait déjà signalé par nous, à savoir l'existence dans certains minerais (Wemmer, 4e et 7e niveaux ; Wolhuter, 5e niveau ouest ; City and Suburban ; Champ d'Or, etc.) de zones pyriteuses, soit parallèles à la stratification, soit obliques, comme on en observe dans toutes les formations sédimentaires troublées (*fig.* 13) (*). Ces zones sont elles-mêmes formées de grains de pyrite roulés.

On doit donc en conclure, de toute nécessité, que le charriage a joué un rôle et un rôle important dans l'arrivée de l'or au milieu du minerai actuel.

Mais, d'autre part, la pyrite cristallisée, formant des plages secondaires parfois moulées sur les grains de quartz, est également très fréquente dans ces minerais (**) : ce que nous pourrons, il est vrai, expliquer par une recristallisation secondaire qui constitue, on le sait, un phénomène très habituel pour certaines substances comme la silice, la pyrite de fer, etc. (***), mais ce qui peut également correspondre à d'autres actions plus complexes.

En outre, cette pyrite n'est que très exceptionnellement stratifiée : il n'arrive presque jamais qu'elle se rencontre en une couche ou en un lit : mais elle est disséminée en tous sens au milieu de la masse de conglomérats, aussi bien à la base qu'au sommet, contrairement à toutes les règles observées dans les gisements d'alluvions aurifères (****).

(*) Cf. fig. 4, p. 81. On peut citer, dans le même ordre d'idées, par exemple à la New Crœsus, sur le Main-Reef, 3e niveau ouest, la présence de gros galets plats inclinés obliquement sur la strate.

(**) Voir, par exemple, 1453-1, 1454-2 : on trouve, fréquemment aussi, dans les dykes éruptifs qui recoupent les gîtes, de la pyrite cristallisée (1453, 3 et 4, dykes du bloc 1 de Durban Roodeport), etc. On y a également constaté la présence de traces d'or, peut-être empruntées aux couches traversées.

(***) Dans les placers aurifères de Californie, on trouve, à la base, de la pyrite cristallisée sur place par action secondaire. Il faut bien s'habituer à cette idée que les minerais métalliques, la pyrite de fer et même l'or sont beaucoup plus faciles à remettre en mouvement par dissolution qu'on ne le supposait jadis. Pour l'or notamment, quand même les concentrations géodiques en veinules sur les affleurements des quartz aurifères d'Australie ne le prouveraient pas surabondamment, nous en aurions une preuve directe dans la facilité avec laquelle se réalise aujourd'hui l'opération de sa dissolution dans des liqueurs extraordinairement faibles de cyanure de potassium. La dissolution s'obtient également dans les chlorures, nitrates, etc.

(****) Voir plus haut note (*) page 54.

L'une des dispositions les plus habituelles de cette pyrite est même de former une enveloppe autour des galets; en sorte que, dans la zone d'altération superficielle, où ces galets se détachent aisément de la masse on trouve parfois, dans le vide laissé par le galet retiré, un enduit aurifère ; il semble donc, dans ce cas, que la surface des galets ait eu sur la pyrite une action précipitante, comme on en constate une dans tous les filtres à galets, par lesquels on fait passer une dissolution métallique ; et ces divers faits, dont nous aurons à tenir compte, joints à l'observation fondamentale que les galets ne contiennent jamais d'or, nous amèneront à penser qu'il y a eu, dans cette formation (comme on l'a d'ailleurs souvent admis aussi, même pour les placers), autre chose qu'un simple phénomène de transport et de préparation mécanique de filons de quartz aurifère détruits.

Pour déterminer ce qui est relatif aux minerais, nous ajouterons seulement qu'on y trouve assez souvent des développements de mica secondaire ou de talc le long des fissures (*), du mica blanc microscopique réparti dans la roche, et des veines de quartz blanc laiteux de 6 à 10 centimètres, contenant parfois divers sulfures métalliques ou même de l'or cristallisé, bien qu'on les considère, d'une façon générale, au point de vue pratique, comme stériles.

En dehors de l'or et de la pyrite de fer, qui peut arriver à constituer 30 p. 100 de sa masse, le minerai du Witwatersrand est remarquablement pauvre en autres métaux : ce qui contribue peut-être à la facilité de son traitement par le cyanure de potassium. D'une façon générale, on nous a dit, dans la plupart des mines, qu'on n'y avait jamais reconnu la présence d'aucun métal, si ce n'est de traces d'argent ou de cuivre, ces dernières parfois visibles sur le zinc qui précipite l'or de sa dissolution

(*) Voir, par exemple, les échantillons 1453-2, 1451-1, etc.

cyanurée (*). Nous avons constaté le fait nous-même sur des concentrés venant de la Wemmer et tenant 9 grammes d'or à la tonne, qui ne renferment pas trace de cuivre, de zinc et de plomb; l'analyse faite à l'École des Mines a seulement trouvé 4 p. 100 d'arsenic. C'est uniquement dans les veines de quartz secondaire mentionnées plus haut qu'on trouve parfois d'autres métaux : ainsi nous avons recueilli de la galène et de la blende à la Buffelsdoorn; de la chalcopyrite à la Robinson; des cristaux de pyrite et de blende à la Crœsus (3e niveau est, sur le South reef). M. Schmeisser a signalé, en outre (**), la présence d'un peu de blende à Alexandra Estate et Rietfontein et des traces d'antimoine dans l'ouest du Rand. Enfin, nous avons signalé plus haut la présence des métaux étrangers dans le minerai, plus réfractaire à la cyanuration, de l'Orion.

Il nous reste à dire un mot d'une question qui présente un intérêt pratique aussi bien que théorique évident : ce sont les modifications en profondeur, non de la teneur du minerai qui nous occupera seulement plus tard, mais de la structure du conglomérat, qui lui est, en toute hypothèse, — soit qu'il y ait eu précipitation contemporaine de l'or et des galets, soit qu'on ait affaire à une imprégnation postérieure, — intimement liée. Nous nous sommes demandé, et nous avons cherché à observer dans toutes les mines que nous avons visitées si, à mesure que l'on s'enfonçait, il ne se produisait pas quelque changement dans la structure, la dimension, l'état plus ou moins arrondi des galets, changements qui auraient pu être des indices d'une modification corrélative dans les conditions ayant produit le dépôt aurifère.

Il y a, au point de vue de l'interprétation géologique

(*) Voir par exemple à l'United Main-reef Roodeport.
(**) *Loc. cit.*, p. 55.

des phénomènes, une telle difficulté à concevoir exactement comment des formations de conglomérats, c'est-à-dire de galets, supposées littorales, ont pu s'étendre, comme nous le constatons ici, sur des dizaines de kilomètres de large, qu'il importe de vérifier exactement les faits et de s'assurer, avant tout, si l'on n'est pas le jouet d'une illusion.

Et cependant déjà l'étude générale du pays, en nous montrant l'existence d'un grand synclinal, sur les deux flancs duquel on retrouve des dépôts de quartzites et de conglomérats identiques, rend bien vraisemblable le raccordement en profondeur de ces deux zones à plongements inverses par des couches semblables qui doivent les prolonger des deux parts.

En outre, on peut faire une remarque également théorique, — sur laquelle notre ami, M. Brisse, Ingénieur des Mines, ayant visité le Transvaal peu avant nous, avait appelé notre attention, — c'est que l'affleurement actuel, représentant l'intersection par un plan horizontal d'une couche plissée et gondolée, coupe celle-ci suivant une ligne qui est certainement très loin d'être parallèle au rivage hypothétique ancien, de telle sorte que des points successifs pris sur cet affleurement se trouvent, par rapport à ce rivage, dans des conditions aussi différentes que deux points pris à divers niveaux sur l'inclinaison d'une couche ; notamment, dans les parties très redressées, l'action d'érosion, qui a produit la surface actuelle du sol, a dû enlever une portion beaucoup plus forte des couches aurifères que dans les parties horizontales. Si l'on joint à cela que nous ne savons, en aucune façon, de quel côté ni avec quelle direction se trouvait le rivage, puisque l'allure actuelle résulte d'un plissement très postérieur au dépôt, on voit qu'il n'y a aucune raison pour supposer *a priori*, suivant l'inclinaison des reefs, des variations d'une autre nature que celles reconnues suivant leur direction, c'est-à-dire des alternatives de zones à galets plus gros ou plus petits, plus anguleux ou plus ronds, plus riches ou plus pauvres, se succédant sans aucune loi.

C'est ce que l'expérience nous a semblé bien confirmer dans les travaux actuels; nous n'avons observé nulle part qu'il y eût, à mesure qu'on s'approfondissait, une diminution progressive de la dimension des galets, un changement dans le nombre des galets anguleux mêlés aux galets arrondis, comme cela aurait pu se produire si l'influence d'un éloignement croissant à partir du point d'origine s'était fait sentir. Quant à la grosseur, nous nous contenterons de citer au huitième niveau ouest de la Wemmer dans le South reef, au septième ouest dans le Main-Reef Leader, la présence de très gros galets dépassant 7 centimètres, que nous n'avions pas vus dans les niveaux supérieurs.

D. — Teneur en or des minerais. Ses variations suivant la direction ou l'inclinaison des couches (deep levels).

La teneur des minerais d'or du Transvaal donne lieu à un certain nombre d'observations générales, par lesquelles nous croyons devoir débuter.

Lorsqu'on commence à visiter les mines de ce pays avec la légère défiance, plus ou moins accentuée suivant les cas, qu'on apporte généralement en venant de France pour l'appréciation d'une mine d'or exotique, on est désagréablement surpris par ce fait, avec lequel l'habitude finit par se familiariser, c'est qu'il est absolument impossible d'arriver à reconnaître sûrement à l'œil un minerai à 3 kilogrammes d'or par tonne d'un minerai à 10 grammes, et que les prises d'essai, même les plus soignées, si elles ne sont très souvent répétées sur une couche, ne peuvent donner qu'une idée tout à fait approximative, et souvent même erronée, de sa valeur : en sorte que l'ingénieur le plus consciencieux, s'il n'a le droit et le temps de se fixer à demeure sur une mine, ne peut arriver à se faire une idée personnelle et indépendante sur la valeur de ses minerais ; il n'existe qu'un moyen vraiment sérieux d'être édifié, c'est d'examiner les résultats d'un broyage en grand, suffisamment prolongé et exécuté dans les conditions réelles de la pratique, c'est-à-dire sans choisir exclusivement, comme il est si facile à un directeur de mines de le faire, les parties vraisemblablement les plus riches, connues d'après les essais de laboratoire ; la conséquence, c'est qu'arrivant déjà avec un scepticisme très exagéré on est obligé de débuter par une série d'actes de foi.

L'impossibilité de reconnaître même approximativement d'après leur aspect la valeur des minerais du Witwatersrand tient à ce que, nulle part, comme nous l'avons dit, l'or n'est visible ; la pyrite, à laquelle ce métal est généralement associé, n'est qu'un indice insuffisant de sa présence puisque, s'il n'y a guère d'or sans pyrite, il y a, par contre, très souvent de la pyrite sans or ; enfin l'on voit fréquemment les hommes les plus expérimentés du pays se tromper sur l'aspect réputé par eux favorable (good looking), consistant dans l'existence d'une pâte sombre, pyriteuse, englobant des galets suffisamment gros et bien espacés sans être trop disséminés.

Quant au peu de valeur d'une prise d'essai isolée, elle tient à l'irrégularité (d'ailleurs toute naturelle) de ces gisements, qu'on a le tort en France de croire géologiquement et minéralogiquement constants dans leur allure, parce qu'industriellement ils donnent des résultats assez réguliers et continus (surtout par comparaison avec les autres filons d'or connus et exploités avant eux) (*).

Mais, sur un reef quelconque du Witwatersrand,

(*) Voir, par exemple, les graphiques de teneurs de la Pl. VI.

— et l'examen de n'importe quel plan d'essai le montre immédiatement, — on a, à quelques centimètres de distance, sans indice apparent, des variations de 2 grammes à 100 grammes d'or à la tonne ; de manière que la prise d'essai la plus soigneusement faite, suivant qu'elle aura été prélevée en l'un ou l'autre de ces points, donnera des résultats tout à fait contradictoires. Et, pour le dire en passant, c'est, croyons-nous, une raison pour n'attacher qu'une importance restreinte à certaines analyses de minerais faites dans les traçages des mines nouvelles, analyses dont les résultats, trop bruyamment annoncés, ne prouvent, soit en bien, soit en mal, que fort peu de chose, si l'on n'en a pas une série très prolongée.

Puisque nous avons abordé cette question des variations locales dans la teneur en or, variations que les rapports, même les plus impartiaux, sur le Transvaal, ont le tort de ne pas laisser soupçonner, nous devons expliquer comment s'est créée, au contraire, pour ces gisements, une réputation universelle de régularité extrême qui, dans une certaine mesure, correspond à un fait réel et, pour une autre part, est obtenue par des procédés factices, parfaitement justifiés sans doute presque toujours, mais à la condition qu'on les connaisse et qu'on n'en interprète pas inexactement les conséquences.

Il se présente, dans ces bancs de conglomérats aurifères du Transvaal, ce fait singulier, presque paradoxal, que, la teneur y étant incessamment variable d'un point à l'autre, il s'établit néanmoins, quand on considère une longueur suffisante, une certaine teneur moyenne, relativement constante dans chaque mine ou chaque quartier de mine.

Cette constance, très approximative d'ailleurs, tient, en partie, au caractère sédimentaire des gisements ; l'illusion en est, de plus, produite par la dimension extraordinairement restreinte (et à laquelle on ne songe pas, en général, tout d'abord) des concessions les plus anciennement connues. Par exemple, la Pioneer a 100 mètres de long, suivant l'affleurement ; la Worcester ou la Bonanza en ont 250 ; la Wemmer, moins de 500 ; la City and Suburban, 700 ; la Crown reef, 900 ; la Robinson, 1.100 ; il est évident que, plus l'étendue des travaux est petite, plus on a de chances d'y rester tout le temps dans une même zone géologique, où la métallisation aurifère s'est faite dans des conditions comparables, en sorte que les résultats du traitement d'une mine donnée pourront demeurer longtemps à peu près semblables. Mais il ne faut pas exagérer même cette constance, ramenée à ces limites restreintes ; car il arrive, malgré tout, bien souvent, que, de l'est à l'ouest d'une concession ou d'un niveau au suivant, on voie, soit en mieux, soit en plus mal, des variations considérables. Comme il est naturel de le prévoir, c'est le premier genre de variations qui vient le plus souvent à la connaissance du public.

Ainsi, à la mine de Witwatersrand, les teneurs du premier niveau avaient fait considérer, par un célèbre ingénieur américain, la mine comme sans aucune valeur ; dans le quartier ouest, en particulier, on avait, sur une grande étendue, des teneurs de moins de 10 grammes ; au deuxième niveau, dans la partie correspondante, on a eu, au contraire, des teneurs de 70 ou 80 grammes, et nul ne peut dire encore si le troisième et le quatrième niveau ressembleront au premier ou au second.

A la Ferreira et à la Jubilee, nous avons donné plus haut un tableau des teneurs moyennes par niveau, teneurs qui varient, d'un niveau au suivant pour la même couche, dans la proportion du simple au triple.

De même, à la Bonanza, on a trouvé, sur le South reef, au troisième niveau, — que l'on a, en conséquence, aussitôt développé activement, — une teneur moyenne aux essais, de 50 grammes ; les deux premiers niveaux, sur lesquels on n'a fait que fort peu de travaux, avaient paru assez pauvres.

A la Geldenhuis Estate, le phénomène inverse s'est produit : jusqu'en mars 1892, on avait eu, dans la zone oxydée, un rendement moyen de 30 grammes par tonne; puis la teneur s'est modifiée, tant parce qu'on est entré dans le minerai pyriteux que parce qu'ayant augmenté le nombre des pilons, on s'était mis à broyer, outre les minerais riches, des minerais pauvres, d'abord négligés; dans ces conditions, elle était, en juin 1893, de 24 grammes et, jusqu'à la fin de 1894, sans que l'exploitation se fût modifiée, on l'a vue tomber peu à peu à 12 grammes; aujourd'hui, on est remonté environ à 18, malgré l'installation d'une batterie plus forte où l'on passe plus de minerai pauvre, mais, il est vrai, en tenant compte des résultats de la cyanuration qui est, sur cette mine, d'une installation assez récente.

Nous pourrions multiplier les exemples de ce genre : il y a partout des quartiers plus ou moins riches, plus ou moins pauvres, se succédant sans aucune loi, et l'on ne saurait, assurément, qualifier de constante une teneur moyenne qui varie dans de telles proportions; néanmoins, il est parfaitement exact que les mines d'or du Witwatersrand sont encore, et malgré tout, à ce point de vue, avantageusement favorisées par rapport aux autres mines d'or filoniennes connues jusqu'alors, où les soubresauts sont infiniment plus prononcés et où, chose plus grave, un appauvrissement à peu près certain se produit au-delà d'une certaine profondeur. Mais surtout, et c'est le point sur lequel nous voulons insister, la plupart des mines du Transvaal ont adopté une ligne de conduite très sage, qu'il est intéressant de connaître, pour remédier à ces variations dans la teneur, éviter les à-coups dans le rendement et régulariser les bénéfices au grand avantage des actionnaires.

Le système consiste, en premier lieu, à avoir un traçage,

un développement de galeries très en avance sur l'abatage du minerai, de manière à pouvoir placer sans cesse des chantiers à son choix sur un très grand nombre de points différents, sans nuire pour cela à la bonne conduite de l'exploitation (*).

D'autre part, chaque mine possède ce que l'on appelle un plan d'essais, c'est-à-dire un plan des travaux, sur lequel on reporte au jour le jour : 1° les résultats d'analyses(**) faites sur les minerais prélevés de 10 mètres en 10 mètres ; 2° et les épaisseurs de minerai correspondantes, en sorte que l'on y trouve comme une image en raccourci de la mine, avec toutes les particularités des couches aurifères.

En outre de ces plans d'essais (dont on pourrait peut-être essayer de tirer quelques conclusions théoriques), tous les ingénieurs remplissant bien leurs fonctions procèdent constamment à des essais, plus sommaires, mais très rapides, au moyen du pan américain (***), qui donnent, avec un peu d'habitude, une approximation déjà suffisante. Par ces divers moyens, ils peuvent donc savoir, à chaque instant, où se trouvent dans leur mine les quar-

---

(*) La pénurie de main-d'œuvre a, dans les derniers mois de 1895, amené à réduire ces travaux de développement préalable, pour ne pas diminuer les bénéfices apparents : ce qui pourrait bien produire, un jour ou l'autre, quelques surprises fâcheuses.

(**) Les analyses ou essais donnent, d'une façon constante, des résultats supérieurs à ceux de la pratique; mais leur moyenne permet néanmoins de prévoir, dans une certaine mesure, le rendement industriel.

L'existence de ces plans très détaillés, très manifestement sincères (sauf restriction occasionnelle sur la façon dont on procède aux prises d'essais qui en sont la base), la facilité avec laquelle on les communique aux visiteurs, ainsi que tous les livres de laboratoire par lesquels on peut les contrôler, sont, pour le dire en passant, une des choses qui contribuent le plus à inspirer confiance dans le caractère général de la direction technique et industrielle des mines.

(***) Large sébille en fer dans laquelle on met le minerai broyé, qu'on agite ensuite en y ajoutant de l'eau peu à peu jusqu'à ce qu'on ait fait sortir tout le quartz plus léger et gardé seulement la pyrite plus lourde avec l'or qui apparaît.

tiers riches et les quartiers pauvres: ce qui leur permet, en plaçant convenablement leurs ouvriers, de régulariser le rendement suivant le désir des administrateurs et des actionnaires, pour lesquels toute diminution de teneur accidentelle (si prévue qu'elle doive être, en réalité, dans une chose aussi inhomogène qu'un gisement minier) nécessite toujours de longues explications (*). Au besoin, si ce procédé ne suffit pas, on a, en réserve, des tas de minerai particulièrement riche dont on broie une partie avant la fin du mois pour relever le rendement; ou encore, en grattant plus ou moins les plaques d'amalgamation, on peut y laisser, dans un mois prospère, un peu d'or qu'on retirera ensuite.

Ainsi que nous l'avons dit, nous sommes loin de critiquer ces artifices, qui ont pour but, dans une industrie aussi exposée au grand jour que celle des mines d'or, et dont les résultats sont si fréquemment publiés, si passionnément (et souvent si inintelligemment) commentés, d'éviter les engouements excessifs comme les découragements sans cause; cependant, ils ont, comme on le conçoit aussitôt, deux inconvénients.

D'une part, si, dans une mine très étendue, on peut, presque toujours, placer ses chantiers d'abatage de manière à réaliser à peu près cette constance invraisemblable

---

(*) La grande publicité à laquelle sont soumises les mines du Transvaal, les spéculations auxquelles elles donnent lieu et même le faible prix initial de leurs actions, qui les disperse entre les mains d'une foule de personnes non éclairées, imposent aux directeurs des mines de nombreuses sujétions, dont celle de régulariser la teneur dans une mesure que la nature des gisements permet à peine, est peut-être la moins préjudiciable. Ce côté commercial des entreprises et le souci de faire rendre au capital engagé, non le maximum absolu de l'intérêt, mais le maximum dans le moindre temps occupent, on le sait, bien plus que le côté technique de l'exploitation, l'attention des ingénieurs anglo-saxons, qui n'ont, en conséquence, bien souvent qu'une instruction minière assez rudimentaire.

dans la teneur (*), il n'en est parfois plus de même pour les petites; on a vu alors, dans telles mines qu'il nous serait facile de citer, les directeurs, s'affolant à l'idée de voir leur teneur baisser dans les publications mensuelles, abattre sans réfléchir tout ce qu'ils avaient de riche dans leur mine et, si la zone pauvre se prolongeait trop longtemps, arriver un beau jour à un effondrement qu'ils auraient évité en avouant aussitôt un appauvrissement momentané dans leur minerai.

D'autre part, on conçoit le parti que pourraient tirer des gens peu scrupuleux d'une méthode consistant à exploiter tantôt les quartiers riches, tantôt les pauvres, suivant qu'ils voudraient faire monter ou baisser le cours de leurs actions; mais, sur ce point, nous devons ajouter aussitôt que de pareilles manœuvres nous paraissent, au Witwatersrand, être beaucoup plus rares que dans nombre d'autres régions aurifères; et surtout, quand elles se produisent, le rapprochement très grand des diverses concessions encastrées les unes dans les autres, les déplacements presque constants des ingénieurs, qui passent incessamment de la direction d'une mine à celle d'une autre, les contacts fréquents du personnel, etc., font qu'elles arrivent très vite à la connaissance du public : ce qui en détruit l'effet.

Précisément peut-être parce qu'elles ont senti qu'elles avaient besoin d'inspirer la confiance, les Compagnies minières du Transvaal ont pris le parti de faire ce que l'on ne fait peut-être dans aucun autre district minier du monde et ce que les difficultés de la concurrence commerciale ne permettraient, d'ailleurs, pas pour une autre substance que pour l'or : ouvrir à tous largement les portes des mines, ateliers, laboratoires, etc., tout mon-

(*) Jusqu'ici, les perfectionnements progressifs du traitement, en permettant de tirer un produit de plus en plus grand de minerais comparables, ont singulièrement favorisé cette tâche.

trer, depuis leurs plans d'essais jusqu'à leurs prix de revient et publier dans des rapports très détaillés, au moins annuels, parfois mensuels, tous les résultats de leurs exploitations. Dans ces conditions — et sauf quelques restrictions dont nous avons déjà indiqué les principales, sauf aussi le cas de diverses mines, où l'on paraît moins désirer la grande lumière, — on est forcément amené à avoir une certaine foi dans le caractère général de cette industrie (*).

Au sujet de la confiance qu'on peut avoir dans les publications quasi-officielles, auxquelles donne lieu l'industrie des mines d'or(**), nous n'avons qu'une observation à faire, c'est relativement au nombre de tonnes broyées, d'où découle directement la teneur en or annoncée : ce nombre, qui est donné avec une grande précision apparente, ne correspond, en réalité, qu'à une estimation approximative faite d'après le nombre des wagonnets, sans que ceux-ci soient jamais pesés ni même puissent l'être pratiquement. Il en résulte qu'un directeur, désireux de se faire bien voir en paraissant travailler très économiquement, peut être amené à exagérer le poids du minerai contenu dans ses wagonnets (par exemple, en ne les faisant remplir qu'incomplètement et continuant à leur supposer le même poids conventionnel que s'ils étaient pleins), de telle sorte que, ses frais réels paraissant répartis sur un plus grand nombre de tonnes, les dépenses par tonne de minerai abattu et traité aient l'air d'être très restreintes ; il peut également, par une opé-

(*) Bien entendu, et nous le répétons une fois de plus, il ne s'agit ici que de l'industrie de l'or et non des opérations financières qui peuvent se greffer sur celle-ci, au Transvaal ou en Europe.

(**) La Chambre des Mines de Johannesburg, qui fait la plupart de ces publications, n'a aucun caractère officiel et aucun titre pour forcer qui que ce soit à lui communiquer les résultats de son exploitation ; mais, en pratique, elle a pour adhérents la plupart des Sociétés minières.

ration inverse, forcer la teneur apparente au détriment du prix de revient : c'est peut-être là une des raisons pour lesquelles ces prix de revient varient du simple au double entre des mines analogues, et pourquoi, indépendamment d'un certain gaspillage qui est réel dans les Compagnies très riches, ce prix est souvent d'autant plus fort que le minerai est plus riche.

Laissant de côté maintenant ces questions d'ordre général, nous allons, par quelques chiffres, donner une idée de la teneur des minerais dans les diverses mines du Rand.

Cette teneur, ainsi que nous l'avons dit, peut être appréciée de deux façons, soit par les essais de laboratoire, soit par le rendement industriel qui varie généralement entre 50 et 85 p. 100 du chiffre calculé d'après la moyenne des essais. Le rendement industriel lui-même comprend plusieurs parties : l'or obtenu sur les plaques d'amalgamation, puis celui extrait des résidus ou tailings par la cyanuration, et, dans quelques mines, celui retiré des concentrés par la chloruration; enfin, en ce moment même, on essaye d'extraire une partie de l'or contenu dans les dernières boues fines, ou slimes, dont toutes les mines ont de grandes réserves accumulées.

Un tableau ci-joint donne les rendements industriels des diverses mines en 1895 (*); nous avons également essayé de reporter ces teneurs sur le graphique de la Planche III, afin de mettre en évidence, d'une façon grossière, les zones pauvres et riches du Rand.

En ce qui concerne ces rendements, il convient de faire une remarque capitale, c'est qu'ils ne peuvent être com-

(*) Toutes les évaluations faites au Transvaal sont comptées en tonnes courtes américaines (short tons) de 2.000 livres ou 907 kilogrammes, c'est-à-dire inférieures d'environ 1/10 à notre tonne métrique; c'est un détail que l'on oublie souvent. Les résultats que nous donnons ont tous été convertis en tonnes métriques de 1.000 kilogrammes.

Tableau donnant les résultats moyens des six mois avril-septembre 1895 *d'après les tableaux publiés par la Chambre des Mines* (*).

NOMS des COMPAGNIES	TENEUR au broyage par tonne métrique gr.	TENEUR aux tailings par tonne métrique gr.	TENEUR totale par tonne broyée	OBSERVATIONS
Champ d'Or.......	17.22	8.61	22.90	(*) Nous nous sommes contenté, pour obtenir ces chiffres, de convertir la moyenne résultant des tableaux officiels en tonnes métriques et grammes. Pour déterminer la teneur totale, nous avons tenu compte de la proportion, généralement admise, des tailings traités par rapport aux tonnes de minerai broyées, proportion qui est des deux tiers. C'est pourquoi la teneur totale n'est pas la somme des deux colonnes précédentes. Il est à noter que ces résultats ne sont pas absolument comparables, l'or produit par les diverses mines n'étant pas également fin ; ainsi, pour l'or résultant de l'amalgamation, en septembre 1895, il ressort des mêmes tableaux que l'once d'or (31gr,103) a valu 91 fr. 30 au Champ d'Or, 88 fr. 20 à la Ferreira, 94 fr. 50 au Nigel, 90 fr. 10 à la Robinson. De même, l'or tiré par la cyanuration des tailings a valu, dans le même mois, 83 fr. 10 l'once à la Crown reef, 75 fr. 20 à la Jubilee, 83 fr. 80 à la Robinson. Néanmoins, ces différences d'une mine à l'autre sont du même ordre que celles qui se produisent dans une même mine d'un mois au suivant et on peut, par suite, considérer les résultats ci-joints comme suffisamment approximatifs.
City and Suburban.	12.10	6.95	16.69	
Crown reef........	14.31	8.03	19.61	
Durban Roodepoort.	16.44	10.10	23.10	
Ferreira	36.54	13.96	45.75	
Geldenhuis Estate ..	12.54	7.47	17.47	
Geldenhuis Main reef	14.35	11.43	21.90	
Ginsberg..........	17.07	8.91	22.94	
Glencairn	14.25	10.75	21.34	
Georges Goch......	10.50	10.27	17.27	
George and May....	9.55	10.12	16.23	
Henry Nourse......	22.21	13.22	30.93	
Johannesburg Pioneer...........	23.69	14.72	33.40	
Jumpers...........	15.54	6.21	19.63	
Jubilee............	16.53	8.38	22.05	
Lancaster	9.60	8.09	14.93	
Langlaagte Estate..	13.01	5.11	16.38	
Langlaagte Bl. B..	9.37	3.86	11.91	
Langlaagte Royal..	6.32	5.39	9.87	
Langlaagte United..	7.81	9.03	13.78	
May consolidated ..	11.91	7.76	17.03	
Meyer and Charlton.	18.54	7.52	22.54	
Metropolitan.......	9.97	6.57	14.31	
New Heriot........	16.53	15.16	26.53	
New Primrose.....	11.32	7.80	16.47	
New Chimes.......	16.47	5.23	19.91	
New Rietfontein....	15.67	7.25	20.44	
New Klein fontein..	11.81	5.31	15.31	
New Crœsus.......	7.03	3.64	9.43	
Nigel	26.65	27.62	44.87	
Orion.............	19.54	37.65	44.47	
Princess Estate	16.53	7.76	21.65	
Paal Central.......	13.47	9.50	19.73	
Porges Randfontein.	17.33	4.46	20.27	
Robinson	32.58	8.83	38.40	
Salisbury	16.70	9.12	22.71	
Simmer and Jack ..	16.38	7.07	21.12	
Stanhope	12.26	10.36	19.20	
United Main reef...	19.21	8.95	25.11	
Van Ryn..........	15.82	6.16	19.88	
Vogelstruisfontein..	7.00			
Wemmer	24.38	10.93	31.58	
Worcester.........	28.62		28.62	
Wolhuter	15.51	9.02	21.46	

parés les uns aux autres que d'une manière tout à fait approximative. En effet, si une mine n'exploite qu'une couche riche, en laissant de côté pour l'avenir les couches pauvres (ce qui arrive, par exemple, quand elle ne dispose que d'une très petite batterie), la teneur apparente moyenne de ses minerais paraîtra plus forte que dans la mine voisine où l'on aura commencé l'exploitation en grand de quelque reef relativement pauvre, comme le Main-Reef sur la Robinson, la Jubilee, etc., le minerai de ce dernier venant s'ajouter au minerai extrait des couches riches; d'une façon générale, on dit dans le Rand, sous une forme un peu bizarre au premier abord et dont il ne faudrait pas exagérer les conséquences, qu'augmenter le nombre des pilons d'une mine, a pour effet d'accroître la quantité d'or qui y est contenue, tout en diminuant la teneur de ses minerais. De même encore, si l'on fait un triage très complet, on aura une teneur plus forte à la tonne broyée, mais se répartissant sur un nombre de tonnes moindre.

Cette observation s'applique également aux comparaisons que l'on peut établir entre les teneurs du minerai d'une même mine à diverses époques, et nous sommes surpris que des esprits éminents, sans doute faute de renseignements suffisants, n'en aient pas tenu compte, lorsqu'ils ont cru pouvoir conclure, de la diminution des rendements industriels avec le temps, que les mines du Transvaal allaient en s'appauvrissant en profondeur. Cette diminution des rendements résulte uniquement de ce que, les frais d'exploitation se réduisant de plus en plus et les dimensions des batteries augmentant sans cesse, on est amené à extraire des minerais de plus en plus pauvres, jusque-là négligés : ce qui, naturellement, se traduit par une diminution de teneur moyenne, mais aussi par une augmentation définitive de la production d'or.

Nous avons cherché à résoudre cette question des variations possibles de la teneur en profondeur, si impor tante pour l'avenir du Rand, et nous nous sommes heurté précisément à cette difficulté que les rendements pratiques, résultat d'un mélange de minerais de toutes provenances, ne donnaient aucun renseignement à cet égard. Faute de mieux, nous avons étudié beaucoup de plans d'essai en les traduisant au besoin en graphiques pour les rendre plus parlants, et nous croyons pouvoir en conclure que les variations en inclinaison sont du même ordre que les variations en direction, c'est-à-dire qu'on trouvera des zones pauvres et riches réparties sans aucune loi, mais qu'aucun indice ne fait présumer (au moins dans les limites où les difficultés d'exploiter à de grandes profondeurs forceront à se restreindre en tous cas) un appauvrissement progressif des couches (*).

Les apparences de variations suivant une loi théorique, que l'on a cru pouvoir déduire d'observations ayant porté sur un champ trop restreint, disparaissent dès qu'on étend davantage ses études.

Et il en est de même pour la plupart des prétendues règles sur lesquelles on a prétendu se guider pour prévoir l'existence de zones riches dans un sens ou dans l'autre.

Parmi celles-ci, l'une des plus répandues et des plus approximativement exactes est celle qui admet une certaine relation de la teneur avec l'épaisseur du reef, un même reef étant d'autant plus riche (à la tonne de minerai) qu'il est plus mince. On a même été jusqu'à dire que, dans un reef large, la quantité d'or totale était moindre que dans les parties étroites de la même couche. Si ce dernier fait était réel (ce qui ne résulte pas de nos observations personnelles), il faudrait sans doute en conclure que, dans ces parties larges, on abat de grandes quantités d'intercalations gréseuses à peu près stériles et rejetées ensuite par un triage, dans lequel on doit perdre un peu d'or.

(*) Nous avons déjà donné (pages 80 à 82) quelques chiffres à ce sujet.

Certains directeurs du Rand croient, d'autre part, qu'il existe au-dessous de la zone d'oxydation superficielle, une partie spécialement riche, comme si un peu de l'or de cette zone oxydé avait été entraîné plus bas à l'état de dissolution et était revenu y cristalliser ; le fait ne nous paraît nullement confirmé par l'expérience.

On peut encore se demander si la richesse serait en relation soit avec la pente des couches, soit avec la présence des dykes de roches éruptives, soit avec l'allure des failles.

Dans certaines mines, comme la Simmer and Jack, il semble, en effet, que les parties très redressées soient plus riches que les parties plates, et l'examen de la Planche III paraît également montrer une vague correspondance entre les maxima de la couche des teneurs et la présence de couches verticales : ce qui laisserait supposer que cette inclinaison a joué un rôle au moment de la formation aurifère, autrement dit qu'elle était esquissée déjà d'une façon quelconque ; mais les exceptions à cette règle sont singulièrement nombreuses : il suffit de citer les reefs riches et très plats du Nigel, de certains quartiers de la Modderfontein, de Durban Roodeport, etc.

La présence des dykes (*) a été de même considérée comme un bon indice, en partant uniquement de cette remarque très sommaire que, dans la région riche de Robinson, Ferreira, etc., ces dykes étaient nombreux. En réalité, lorsqu'on observe un plan d'essai quelconque, sur lequel les dykes sont marqués, on ne voit jamais aucun enrichissement le long de ces dykes, ni à leur voisinage ; et il ne faut pas oublier que les dykes, si nombreux

(*) Les dykes sont formés, en principe, de diabases ophitiques, porphyrites, etc., assez analogues aux roches qui accompagnent les grands dépôts de pyrite de fer cuivreuse dans la province d'Huelva, en Espagne; mais on appelle également dykes, à Johannesburg, des remplissages de failles quelconques, brèches, quartzites laminés et schisteux, etc.

dans certaines mines du Witwatersrand, recoupent et rejettent, pour la plupart, les couches aurifères, au dépôt desquelles ils sont par suite postérieurs. Si l'on y a exceptionnellement rencontré des traces d'or (Wemmer, Rietfontein, etc.), c'est peut-être de l'or emprunté aux strates traversées. Quant à la pyrite de fer, elle y est, il est vrai, fréquente à l'état cristallisé ; mais c'est là un fait ordinaire dans les roches basiques de la même famille.

Cependant, il ne serait pas impossible, à la rigueur, qu'il existât dans le Witwatersrand certains dykes plus anciens ayant joué dans la formation un rôle restant à déterminer. Si nous faisons cette restriction, ce n'est pas seulement par suite de cette conception théorique qui nous pousse à rattacher d'une façon générale les gisements métalliques aux roches éruptives, mais parce que, dans un cas particulier, pour les diabases amygdaloïdes du Kliprivérsberg et le Black reef, cette relation paraît véritablement exister : on trouve, en effet, comme nous l'avons dit, le Black reef à l'Orion mine, comblant des dépressions de la diabase, qui elle-même constitue un important massif est-ouest, probablement à peu près contemporain de la sédimentation des couches. Il ne faut pas oublier que, dans l'Afrique australe, des formations de roches basiques se sont reproduites avec des caractères presque semblables pendant de très longues périodes ; et nous tenons de M. Cecyl Rhodes qu'en un point du Mashonaland, à l'Ayreshere Company, on essaye d'exploiter comme minerai d'or une simple diorite aurifère.

Quant à l'influence parfois attribuée aux failles, elle est d'une autre nature : en juxtaposant deux parties du reef, qui étaient tout d'abord éloignées, et supprimant les intermédiaires, elle peut faire passer brusquement d'une zone riche à une zone pauvre ou réciproquement : d'où cette idée que les zones riches suivent l'allure générale des failles.

Nous noterons, d'ailleurs, à ce propos que l'on a, jusqu'à ces derniers temps, considéré les failles dans le Witwatersrand avec un mélange de terreur et de superstition, qui ne peuvent s'expliquer que par la grande ignorance technique de mineurs improvisés, brusquement arrachés à un comptoir ou à un bureau. On est stupéfait de voir qu'un rejet insignifiant de quelques mètres a été envisagé souvent, suivant le caractère des gens, tantôt comme un cataclysme où la couche aurifère pouvait disparaître à jamais, tantôt au contraire comme un motif d'espérer plus loin quelque richesse extraordinaire.

E. — Origine et mode de formation des dépôts aurifères du Witwatersrand.

Le problème de l'origine des formations aurifères dans le Witwatersrand est des plus difficiles, et nous croyons qu'il apparaîtra tel à quiconque l'abordera sans idée préconçue dans son ensemble, et cherchera à concilier toutes les observations de détail, au lieu d'échafauder rapidement une théorie sur quelques faits particuliers trop généralisés. Nous ne craignons pas de dire que pendant notre séjour à Johannesburg et même depuis notre retour, en examinant nos minerais au microscope, nous avons changé d'avis plusieurs fois, à mesure que se découvrait à nous une particularité nouvelle à laquelle il fallait trouver une interprétation; et c'est après avoir été forcé d'abandonner toutes les autres hypothèses devant des objections qui nous paraissent irréfutables, que nous sommes arrivé à l'idée, exposée plus loin, dont nous ne dissimulerons pas les points restés obscurs dans notre esprit.

Parmi les faits d'observations principaux décrits précédemment, les principaux, en ce qui concerne l'origine de l'or, sont les suivants (*) :

1° Le minerai d'or est un conglomérat ou, rarement, un grès quartzite, dont les éléments roulés, galets et grains de sable, sont presque exclusivement formés de quartz, ou accessoirement de quartzite, et dont le ciment est constitué de silice pyriteuse et aurifère. Les galets de quartz, tantôt bien arrondis, tantôt simplement émoussés aux angles, souvent aplatis, sont de deux natures, les uns blancs bleutés, les autres noirs enfumés, ces derniers étant considérés dans quelques mines, sans que le fait soit bien démontré, comme d'un bon indice.

2° Les couches contenant de l'or en proportion plus ou moins forte, exploitable ou non, sont réparties sur plusieurs milliers de mètres d'épaisseur de terrains formés de grès et de conglomérats, avec rares intercalations de schistes à la base et sans aucun banc calcaire. Les premiers calcaires n'apparaissent qu'au-dessus de la couche aurifère la plus récente reconnue, celle du Blackreef, comme s'il y avait eu, à ce moment, un changement absolu dans les conditions de dépôt du bassin. Ces divers bancs de conglomérats aurifères présentent localement des variations constantes d'épaisseur et de distance entre eux : on les voit s'étirer, parfois se bifurquer pour englober une masse de grès et se réunir plus loin ; néanmoins la plupart du temps, un banc de conglomérat ou de grès, qui semble apparaître brusquement, n'est que l'exagération d'une couche précédemment marquée par un simple indice (délit sableux ou cordon de galets disséminés) et la coupe présente, dans l'ensemble, d'un bout à l'autre de la zone aurifère, une certaine constance, la richesse en or semblant, en moyenne, autant qu'on peut

(*) Nous laissons de côté le cas du Blackreef qui nous paraît assez spécial.

en juger d'après des observations encore très incomplètes, toujours localisée dans les mêmes séries de bancs.

3° Les phénomènes mécaniques postérieurs à la formation des conglomérats sont nombreux et nets. En premier lieu, on doit noter, dans cet ordre d'idées, l'inclinaison des couches et leur allure en synclinal E.-O., qui est le résultat d'un plissement postérieur, la pente actuelle des reefs étant absolument incompatible avec les conditions du dépôt. On remarque également : la présence de véritables salbandes argileuses correspondant à des surfaces de glissement et de broyage ; les réseaux de fissures où du quartz, avec cristaux de pyrite de fer, chalcopyrite, galène, blende, parfois or natif, a cristallisé par sécrétion ; les failles, pour la plupart N.-E. — S.-O., et les dykes de roches éruptives, dont un principal, celui du Klipriversberg, paraît avoir eu une certaine relation avec la formation du Blackreef.

4° L'or, dans les minerais, est souvent à l'état libre, mais toujours invisible à l'œil nu ; il est constamment associé à la pyrite sans lui être, ce semble, combiné ; et souvent on peut le voir au microscope en cristaux englobés dans la pyrite même. Cette pyrite, qui arrive aisément à former 5 p. 100 en poids de la roche, est, en général, remarquablement pure et contient seulement par exception des traces de cuivre, plomb et zinc.

5° L'or et la pyrite sont exclusivement dans le ciment des galets quartzeux qui, eux-mêmes, quelle que soit leur taille, n'en contiennent jamais, sauf, très rarement, dans des fissures. Le fait est assez général et absolument constant pour qu'il soit difficile de supposer aux galets de quartzite et à la pyrite aurifère une origine identique, la pyrite résultant de la destruction de filons de quartz métallifère.

6° La pyrite aurifère enveloppe constamment les galets de quartz, sur la surface desquels elle semble s'être précipitée, ou forme des veinules irrégulières dans le ciment siliceux qui enveloppe les galets. Dans certains cas, elle constitue des veinules zonées, soit parallèles à la stratification générale, soit obliques sur elle et correspondant à une fausse stratification des sédiments. Cette pyrite, examinée à la loupe ou au microscope, apparaît très souvent roulée, notamment dans le cas des veinules parallèles ; parfois aussi elle est bien cristallisée.

7° Il y a une corrélation universellement reconnue entre la dimension des galets et la richesse en or dans une portion limitée des mêmes couches. Les grès fins ne sont que très exceptionnellement aurifères et seulement le long de certains cordons de galets disséminés, peu visibles; dans les conglomérats eux-mêmes, on considère comme particulièrement riches les couches à gros galets, surtout celles qui se trouvent souvent à la base d'un banc. Les minerais réputés de bon aspect sont ceux à galets un peu gros, assez largement espacés sans l'être trop, dont le ciment présente une teinte sombre, due tant à la nature spéciale des quartz qu'à l'abondance des pyrites.

8° Dans un banc de conglomérats, la richesse en or n'est nullement, comme dans les placers aurifères, concentrée toujours à la base: ou bien elle est répartie uniformément dans toute la masse ; ou, si elle se localise dans un banc, ce banc peut être à la partie supérieure comme à la partie inférieure de la couche, bien que le second cas soit plus fréquent.

9° Dans un même banc, la teneur en or à la tonne paraît, sans que la règle présente une généralité absolue, être d'autant plus forte que l'épaisseur est plus faible, comme s'il n'y avait eu qu'une quantité d'or déterminée à répartir sur toute l'épaisseur du banc.

10° Un certain nombre de reefs, souvent très riches, se trouvent au contact de bancs de schistes, intercalés entre ceux-ci et les quartzites (East Rand, Van Ryn, Modderfontein, Nigel, Midas, etc.).

Essayons maintenant de voir comment ces divers faits peuvent se concilier dans une même interprétation.

Ainsi que nous avons déjà eu l'occasion de le dire, si nous considérons d'abord la formation des quartzites et conglomérats indépendamment de l'or qui s'y rencontre, nous croyons que l'on a affaire là à des dépôts très étendus, et nullement restreints à la petite cuvette lacustre que l'on a parfois imaginée, dépôts d'origine peut-être marine, ayant commencé par être à peu près horizontaux et devant leur allure actuelle à un plissement postérieur qui y a constitué un grand synclinal N.-E. — S.-O.

Quant à la présence de l'or, qui n'est en aucune façon nécessairement liée au développement de conglomérats et doit, au contraire, selon toutes vraisemblances, constituer un fait relativement local, toutes les hypothèses que l'on peut tenter pour l'expliquer, se ramènent forcément à trois : l'or a-t-il été formé avant, pendant ou après le conglomérat ?

Dans la première théorie, que nous avions autrefois admise en écrivant notre ancien mémoire sur le Transvaal et qui a été adoptée également par MM. Schmeisser et Goldmann, or et galets résulteraient de la destruction d'anciens filons de quartz, dont les débris auraient été simplement soumis à un charriage et à une préparation mécanique, c'est-à-dire que l'on aurait affaire à un véritable placer de la période primaire. Comme il est nécessaire d'expliquer ce fait capital et d'observation constante que l'or et la pyrite sont exclusivement dans le ciment, jamais dans les galets, on peut, à la rigueur, ajouter, pour justifier cette thèse, que les parties aurifères des quartz, étant les plus friables, ont été les plus complètement détruites, et que les fragments se sont fendus suivant les veinules de pyrite aurifère constituant des lignes de moindre résistance, tandis que les noyaux stériles résistaient, ou encore que les galets ont été apportés d'un côté dans le bassin de sédimentation, tandis que le sable fin du ciment, la pyrite et l'or y arrivaient d'un autre.

Dans la seconde supposition, celle de la formation contemporaine de l'or et des sédiments, il y aurait eu, sur une plage marine, où des fragments de quartz d'une origine quelconque étaient triturés et roulés par les vagues, de l'or et du sulfure de fer en dissolution dans l'eau de mer, substances qui se seraient précipitées chimiquement comme les sulfures cuprifères du Mansfeld en Allemagne, ou les nodules plombifères des grès de Commern et de Mechernich, dans la Prusse Rhénane, ou encore les minerais de cuivre associés aux conglomérats du Boleo et, roulées sur place par les vagues, se seraient déposées plus ou moins pêle-mêle avec les galets (*). Pour tenir compte de ce fait caractéristique que l'or est presque exclusivement dans les conglomérats et non dans les grès intermédiaires, on admettrait l'influence d'une préparation mécanique ayant concentré l'or et la pyrite, en leur qualité d'éléments lourds, avec les galets les plus gros, comme cela s'est passé pour tous les dépôts d'alluvions aurifères. Peut-être aussi pourrait-on remarquer que le passage d'un conglomérat à un grès dans une série de dépôts sédimentaires correspond, soit directement à un mouvement du sol, soit à une modification dans le régime des courants (qui a pu être produite par un mouvement du même genre) et supposer, dès lors, que ce mouvement aurait amené chaque fois un épanchement de sources sul-

(*) Le fait que des galets de pyrite, toujours si friables, ont pu résister, donne à penser qu'ils ont été roulés presque sur place et n'ont pas subi le long transport qu'il faudrait supposer s'ils étaient arrivés avec les galets de quartz. D'autre part, l'état anguleux de beaucoup de ceux-ci est peut-être attribuable à ce qu'à peine fragmentés ils se sont trouvés saisis dans un précipité de silice gélatineuse et chargée de sulfure de fer qui se sera formé autour d'eux, en les emprisonnant.

fureuses renouvelant les éléments métallifères en dissolution dans l'eau.

Il n'est pas difficile d'expliquer dans cette théorie la présence de la pyrite cristalline, à côté de la pyrite roulée, soit par une recristallisation dont nous connaissons nombre d'exemples, soit par le cas de grains pyriteux ayant échappé à l'action des vagues. Rien n'empêche non plus de supposer que les eaux chargées de sulfures aient pénétré dans les couches antérieurement déposées et recouvertes par la mer, en circulant de préférence dans les interstices les plus larges produits par les gros galets et se précipitant sur eux : de toutes façons, les surfaces des galets ont dû exercer une action précipitante, et le dépôt a dû se former sur eux, comme on le constate fréquemment pour des cailloux placés dans une eau ferrugineuse ou calcaire, qui se recouvrent bientôt de rouille ou de carbonate de chaux.

La précipitation de l'or en dissolution n'est pas non plus difficile à expliquer, et il n'est pas nécessaire de démontrer la présence de matières organiques réductrices (dont nous avons pourtant signalé des exemples à Buffelsdoorn, à l'Orion, etc.) : l'or est précipité de ses dissolutions par toutes espèces d'influences, entre lesquelles on n'a que l'embarras du choix (*).

Enfin, l'origine première de l'or peut être attribuée soit à des sources chaudes tenant de l'or et de la silice en dissolution, comme celles auxquelles on attribue la formation des quartz aurifères filoniens, soit même à la destruction de filons de ce genre, mais destruction suivie ici d'une dissolution chimique, au lieu d'être limitée à une simple préparation mécanique.

(*) On peut considérer, comme venant à l'appui de cette idée, un fait sur lequel le Dr Koch (*in* Schmeisser, *loc. cit.*, p. 50) a beaucoup insisté et qui résulte de ses observations microscopiques ; c'est que l'or libre des conglomérats n'est pas de l'or charrié, mais de l'or cristallisé par un phénomène secondaire après avoir été en dissolution.

La vraie difficulté, que nous ne nous dissimulons pas, dans cette hypothèse, c'est qu'il faut supposer, pendant le laps énorme de temps ayant dû s'écouler depuis le dépôt de la première couche aurifère de Rietfontein jusqu'à la dernière du Black reef, la présence persistante ou le retour très fréquent dans l'eau de mer concentrée de sulfures de fer et d'or en dissolution.

Enfin, la troisième théorie, qui nous a un moment paru très séduisante, mais que la présence à peu près constante de pyrite roulée dans les minerais nous a forcé à abandonner, c'est que l'imprégnation pyriteuse et aurifère s'est produite postérieurement au dépôt du conglomérat, indépendamment de la nature et de l'origine de ses galets, et seulement en relation avec leur dimension, leur structure physique et leur disposition (*).

Même dans cette hypothèse, on ne peut supposer que l'intervalle de temps entre le dépôt des galets et la précipitation du ciment métallifère ait été bien long puisque, dans le cas du Black reef, la contemporanéité de la formation aurifère et de la sédimentation est à peu près incontestable et que, d'ailleurs, on ne trouve guère de couches de galets un peu anciennes sans que ces galets aient été déjà soudés par de la silice. Mais on n'a besoin d'invoquer qu'une seule venue sulfureuse au lieu d'en admettre toute une série, on rend compte de la localisation fréquente de l'or dans de petits conglomérats situés entre les quartzites et les schistes (le contact

(*) Cette explication correspondrait à celle qui a été généralement admise pour les conglomérats cuprifères du Lac supérieur (Calumet and Hecla, Tamarac) contenant, jusqu'à la profondeur de 1.300 mètres, déjà atteinte par les travaux, un ciment cuprifère au milieu de galets, mais là en relation nette avec des roches éruptives et englobant des galets de toutes natures, en outre à proximité immédiate de gîtes de cuivre identiques montrant des formes d'imprégnation beaucoup plus nettes.

d'une couche schisteuse étant toujours propice à la circulation des eaux), et l'on explique également comment la venue aurifère est indépendante de la nature des galets, auquel on n'attribue plus que le rôle d'un filtre dont les éléments n'ont aucune raison pour renfermer de l'or par eux-mêmes; la localisation de l'or dans les couches à galets résulterait alors de ce que les interstices y étaient plus largement ouverts à la pénétration des eaux que dans les sables des quartzites (*) et, si l'on admettait un rapport entre l'or et les roches éruptives ou entre la teneur et la pente des couches, ces phénomènes deviendraient également très simples à comprendre.

Cette hypothèse a cependant le défaut de ne pas bien expliquer pourquoi des couches à galets de même grosseur et identiques comme structure physique sont, à quelques mètres de distance, les unes aurifères, les autres stériles, et surtout elle est absolument incompatible avec la présence constante de la pyrite roulée.

En résumé, nous trouvons à la première et à la troisième hypothèse, deux objections qui nous paraissent trop fortes pour les négliger: d'une part, au simple dépôt de placer, le fait que jamais aucun galet, si gros qu'il soit, ne contient d'or (**); d'autre part, à l'imprégnation postérieure, l'état roulé de la pyrite: nous sommes donc conduit à admettre la seconde hypothèse, c'est-à-dire une précipitation chimique de l'or et de la pyrite pendant la sédimentation même.

(*) Les apparences de stratification pyriteuse seraient alors attribuées à une infiltration du sulfure dans les délits d'un sédiment antérieur.

(**) On pourrait, en outre, se demander où se trouvaient les filons d'or dont les affleurements érodés auraient pu fournir cette énorme quantité de métal précieux.

DEUXIÈME PARTIE.

EXPLOITATION ET TRAITEMENT MÉTALLURGIQUE.

Sur les questions d'exploitation et de traitement, nous ne pouvons être ici que très bref; aussi nous attacherons-nous uniquement aux traits caractéristiques des méthodes ou aux perfectionnements récents, en supposant déjà connues et rappelant seulement d'un mot les dispositions habituelles, qui sont celles de beaucoup d'autres mines d'or.

Le *mode d'exploitation des mines* du Transvaal, qui est, en général, convenablement organisé et tend désormais à se perfectionner de jour en jour, ne présente guère comme traits spéciaux que ceux résultant de la préoccupation dominante d'aller vite et de rémunérer le plus tôt possible le capital engagé. D'où, par exemple, l'emploi très fréquent des perforatrices à air comprimé (justifié d'ailleurs par la dureté de la roche), bien que le travail à la perforatrice soit toujours beaucoup plus coûteux que le travail à la main (*); d'où, en partie aussi, l'usage, de plus en plus répandu, des puits d'extraction inclinés remplaçant les anciens puits verticaux (**).

Le mode d'extraction par puits inclinés, généralement considéré comme défectueux en Europe, est préféré,

(*) La transmission de force aux perforatrices par l'air comprimé occasionne une perte considérable, plus de 60 p. 100; dans ces conditions, on songe à actionner les perforatrices par l'électricité.

(**) Même dans les mines de deep levels, aussitôt la couche atteinte par un puits vertical, on la suit en plan incliné, et souvent l'extraction des cages se fait d'un seul tenant, le long du plan incliné, puis du puits vertical, qui lui succède.

dans le cas des mines du Witwatersrand, parce qu'il permet d'effectuer les installations en restant dans la couche, par suite de ne faire que du travail utile (au lieu de puits verticaux et de longs travers-bancs dans le stérile) et de tracer, immédiatement, à partir de ce puits, les galeries de traçage en direction, généralement espacées de 30 mètres, qui serviront, dès qu'on le voudra, à l'abatage. La forme courbe des gîtes, qui se rapproche de celle appelée, en mathématique, une chaînette, est favorable au bon roulement des wagonnets dans ces puits inclinés, et, les couches étant peu disloquées, on peut les suivre sans avoir de trop brusques changements d'inclinaison. Cependant, dès que les failles apparaissent, il en résulte des difficultés, et, pour les mines d'une certaine profondeur, on est souvent amené aujourd'hui à tracer le puits incliné indépendamment de la couche, suivant une pente moyenne, jusqu'à son niveau le plus profond. L'emploi des plans inclinés nécessite, il est vrai, une certaine complication pour le chargement; mais, d'autre part, il permet un déchargement plus facile.

En dehors de ces deux particularités, le travail ressemble à celui de toutes les mines métalliques (*) : les galeries de traçage faites à niveau, suivant la direction des couches, sont réunies par des descenderies verticales, et l'on fait l'abatage, soit par gradins droits, soit par gradins renversés.

Les conditions d'exploitation sont, pour la plupart, très favorables.

(*) On peut noter en passant l'emploi presque général de l'électricité pour l'éclairage des plans inclinés, recettes, etc., et les transmissions de force par l'électricité pour les pompes souterraines; il est probable que cet agent jouera un rôle de plus en plus important à mesure qu'on s'approfondira et sera peut-être même adopté pour des machines d'extraction souterraines, quand on voudra exploiter à de grandes profondeurs. On projette déjà un essai de ce genre à la Simmer and Jack.

Le toit est d'une solidité exceptionnelle, en sorte qu'on ne consomme que peu de bois; les bois actuels, qui viennent d'Australie ou du nord du Transvaal, coûtent, il est vrai, assez cher : 8 fr. 20 pour un bois de 2 mètres; mais on a planté, autour de toutes les mines, des forêts d'eucalyptus, silvertrees, pins, etc., qui réussissent à merveille et suffiront bientôt à la consommation des mines.

L'*épuisement*, pour lequel on emploie, soit des pompes de Cornouailles, soit fréquemment des pompes électriques souterraines, représente presque toujours une dépense insignifiante ; les mines sont, pour la plupart, étonnamment sèches: ce qui tient peut-être en partie à ce que, comme on descend toujours suivant la même couche, on a, dès les premiers niveaux, drainé toutes les eaux d'infiltration qui auraient pu la suivre en profondeur. De fait, c'est, jusqu'ici, seulement dans la zone superficielle, que cette question des eaux produit une certaine gêne. Plus tard, il est vrai, quand on parviendra à de grandes profondeurs au-dessous du plan de drainage des vallées voisines, les difficultés de ce chef reparaîtront peut-être : mais, même dans ce cas, elles ne nous paraissent pas bien à redouter.

Enfin le *charbon*, fourni en abondance par des mines de houille toutes voisines des mines d'or, ne revient à un prix relativement élevé qu'à cause des tarifs absolument excessifs, imposés jusqu'à nouvel ordre par la Compagnie du chemin de fer néerlandaise qui est, en quelque sorte, une Compagnie fermière exploitant un monopole du Gouvernement (*). Il est, en tout cas, aussi abondant qu'on

(*) Les Anglais, qui sont toujours prêts à s'emparer des territoires à leur convenance sans aucun souci des droits acquis, toutes les fois qu'ils ne trouvent pas en face d'eux une puissance résolue à ne pas se laisser intimider par leur puissance apparente (comme les Etats-Unis en ce moment même), ont profité récemment, on le sait, de quelques erreurs semblables commises par le Gouvernement Boër pour tenter un coup de main sur le Transvaal. En même temps que la révolution éclatait à Johannesburg, les troupes de la Chartered, commandées par un certain

peut le désirer et d'une qualité très suffisante pour le chauffage des chaudières.

Le seul point critique dans l'exploitation des mines, c'est la *main-d'œuvre*, qui a été, jusqu'ici, d'un prix exorbitant, bien que fournie presque exclusivement par la population noire indigène. Le développement des mines s'est produit si vite que l'afflux des travailleurs noirs a toujours été insuffisant pour les besoins, d'autant plus que les Cafres et les Zoulous, assez bons ouvriers du reste, ne veulent travailler aux mines que 5 à 6 mois au plus, et, pendant ce temps, n'admettent pas de faire plus d'un trou de mine de $0^m,60$ à $0^m,80$ de profondeur par jour; il en est résulté entre les diverses mines une concurrence qui, dès le début des exploitations du Witwatersrand, a fait monter les prix à plus du double de ce qu'on paye encore dans la colonie voisine de Natal. De 4 francs par semaine, en 1887, on a sauté à 20 dès 1890. Cet état de choses, qu'on avait cru arriver à améliorer à la suite des efforts faits pour organiser le recrutement des noirs dans leur pays natal, s'est, au contraire, sensiblement aggravé dans ces derniers mois, où il s'est produit une crise très sérieuse : les prix, qui s'étaient un moment abaissés à 15 ou 16 francs par semaine en 1892, sont d'abord remontés au taux de 1890 ; c'est-à-dire que,

---

Dr Jameson, envahissaient brusquement, en pleine paix, le territoire transvaalien, comptant arriver sans coup férir à Johannesburg. Cet audacieux coup de main a échoué grâce à la ferme attitude des Boërs qui, le 1er janvier 1896, vainquirent et firent prisonniers les Anglais à Krugersdorp. Depuis lors, le calme s'est rétabli. L'acte de piraterie odieuse de Jameson, énergiquement flétri par l'empereur d'Allemagne qui, dans cette occasion, a su faire tout son devoir, et solennellement désavoué, suivant l'usage, par l'Angleterre, aura, sans doute, pour effet de consolider pour longtemps l'indépendance du Transvaal. Il est à souhaiter qu'il ne fasse pas oublier au Gouvernement du président Krüger ce qu'il paraissait y avoir de juste dans les réclamations économiques des mineurs, notamment au sujet des droits de transport sur le charbon et des droits d'entrée sur les substances alimentaires ou, les machines.

jusqu'au mois d'octobre 1895, on a payé les mineurs cafres environ 20 francs par semaine, plus leur nourriture et leur logement, représentant 1/8 à 1/10 du salaire, soit, en définitive, à peu près 4 francs par jour. Vers le mois de décembre on est même arrivé, paraît-il, à 25 ou 30 francs.

Il est, assurément, très remarquable que l'on soit déjà parvenu à mobiliser et à renouveler incessamment cette armée de 45.000 Cafres qui, dès à présent, travaillent constamment dans les mines, tandis qu'en 1890 on n'en avait encore que 15.000. Mais si l'on réfléchit que, dans les prochaines années, un très grand nombre de mines nouvelles doivent entrer en exploitation suivie et que, suivant les prévisions, le nombre des pilons doit, en cinq ou six ans, passer de 2.870 (chiffre du mois de novembre) à plus de 8.000, ce qui, au lieu de 45.000 noirs, en exigera 230.000, on peut prévoir une période difficile à traverser.

Nous croyons qu'on arrivera à triompher de cette gêne momentanée, avant même que la phase de développement intense et fiévreux soit arrivée à son apogée: c'est, en effet, un fait très fréquemment observé pour les phénomènes d'ordre social, — tels que, dans notre cas, l'habitude créée chez les jeunes gens des peuplades voisines de venir travailler aux mines, — qu'il se produit d'abord un certain retard de l'effet sur la cause, retard dû à l'inertie, tandis que le même mouvement se continue, par contre, assez longtemps après que la cause a déjà cessé. On a donc quelques raisons de prévoir que, lorsque l'industrie du Rand approchera de son maximum, dans deux ans environ, l'afflux des nègres se poursuivant de plus en plus, non seulement on ne manquera plus de travailleurs, mais on pourra peut-être même diminuer leurs salaires, actuellement hors de proportion avec les services rendus.

On examine, d'autre part, a question de savoir s'il n'y aurait pas lieu de favoriser l'immigration des mineurs blancs, Californiens, Australiens, Siciliens, etc., et de leur attribuer un rôle plus actif que celui qu'ils ont actuellement dans la mine (rôle presque uniquement de surveillance). La main-d'œuvre jaune, si elle n'offrait pas des dangers d'autre nature, rendrait également, en raison de son bon marché bien connu, de réels services.

Nous donnerons plus loin quelques chiffres relatifs aux dépenses d'extraction, quand nous aurons parlé du traitement des minerais ; mais, auparavant, continuons à suivre ceux-ci dans leurs étapes successives.

Les conglomérats aurifères, une fois extraits de la mine, sont soumis, en général, à un *triage*, presque toujours très sommaire et qui gagnerait souvent à être perfectionné, suivant le bon exemple donné par certaines mines, comme la Ferreira ; mais le développement énorme des batteries de pilons, en exigeant une production très forte de minerais, ne laisse souvent pas le temps ni la faculté de faire ce triage qui réduirait la quantité apparente de minerais à passer ; d'autre part, avec des minerais aussi difficiles à reconnaître du stérile, on risque ainsi de rejeter dans les haldes des parties riches (*) : en sorte que, pour calculer le bénéfice résultant du triage, il faut établir une balance entre l'économie de traitement et la quantité d'or perdue, augmentée de la dépense de triage, ce qui a amené certains directeurs anglais à cette idée tout à fait paradoxale qu'il y avait encore avantage à tout passer indistinctement, le stérile avec le minerai (**).

(*) Les stériles retiennent au moins 1 gr. 5 à 2 grammes d'or, dont on pourrait retirer environ 1 gr. 5 en moyenne.

(**) Dans certaines mines à reefs minces et riches, comme autour de Roodeport, on est amené à abattre une telle quantité de stérile qu'un triage s'impose.

Après ce triage, les minerais doivent, pour céder l'or qui y est contenu, subir d'abord un *broyage* complet qui, en les réduisant à l'état de fine poussière, mette en liberté le métal précieux englobé dans le quartz et dans la pyrite, puis une série d'opérations métallurgiques fondées surtout sur la propriété qu'ont deux substances, le mercure et le cyanure de potassium, de dissoudre l'or en laissant inattaqués les minéraux avec lesquels il se trouve mélangé.

On commence donc par concasser les morceaux de roche extraits de la mine, soit dans un concasseur à mâchoires du type Blake, soit dans un concasseur à excentriques, Gates ou Comet; puis les débris de minerai vont à la batterie, où ils sont broyés dans l'eau par des pilons.

Ce système de broyage, presque universellement adopté aujourd'hui, et qui offre, en tout cas, l'avantage d'être parfaitement connu, a ses adversaires, qui lui reprochent d'augmenter beaucoup trop la proportion des boues fines rebelles au traitement ultérieur (ou slimes) et celle de l'or entraîné par l'eau (floating gold). Aussi étudie-t-on, de divers côtés, des procédés de broyage, soit par cylindres, soit par boules ou par excentriques, qui sont peut-être le procédé de l'avenir, mais attendent encore leur confirmation expérimentale. Les cylindres, par exemple, semblent avoir donné d'assez bons résultats avec les minerais oxydés, c'est-à-dire friables, sur lesquels on les a essayés ; mais il est probable qu'ils s'useront inégalement avec des minerais durs et, au bout de peu de temps, cesseront de fonctionner aussi bien ; en outre, il faut tenir compte des tourbillons de poussière qui se dégageront, de l'usure des coussinets, etc. Les broyeurs à force centrifuge ont aussi leurs partisans. Enfin, les systèmes à excentriques, dont on emploie déjà un premier type (concasseurs Gates ou Comet) pour le premier fragmentage de minerais, pourraient également être tentés.

Il y a, dans le choix de la méthode à adopter pour le broyage, un point essentiel à considérer : c'est que l'or est uniquement dans le ciment plus friable et jamais dans les galets plus résistants : en sorte qu'on s'ingénie de toutes façons pour arriver à broyer suffisamment le ciment, sans se donner la peine de pulvériser complètement les galets, qui peuvent, sans inconvénient, rester à l'état de sables encore grossiers. C'est sur ce principe qu'ont été basées les très intéressantes expériences de broyage à sec faites au Champ d'Or par M. Périer de la Bathie, ou, tout récemment, par M. Franklin White à la Village Main-Reef.

Ces dernières expériences avaient pour but de chercher d'une façon méthodique le meilleur moyen d'empêcher l'or de se perdre dans les slimes (boues fines), perte qui représente environ 20 p. 100 du nombre de tonnes broyées (chaque tonne de slimes retenant 6 grammes d'or, pour un minerai dont la teneur moyenne aux essais est d'environ 30 grammes), soit 4 p. 100 de l'or contenu.

M. White s'est demandé si, en broyant le minerai à sec et l'exposant directement à une solution de cyanure de potassium, celui-ci ne dissoudrait pas aussitôt tout l'or fin, de telle façon que, dans le traitement ultérieur auquel on pourrait soumettre les résidus pour les appauvrir, on ne risquerait plus de faire passer cet or fin dans les slimes.

Les résultats en petit ont paru prouver, d'après M. White, qu'avec le broyage à sec et le traitement direct au cyanure sans amalgamation, on pouvait arriver à retirer 95 p. 100 de l'or contenu. Entre autres avantages de ce système, on a fait remarquer que l'or, n'étant plus isolé ici que dans la toute dernière phase de l'opération, au moment de la fusion du zinc sur lequel on a précipité l'or de la dissolution cyanurée, on évitait ainsi les vols d'amalgame aurifère qui, actuellement, représentent, paraît-il, un chiffre assez important.

L'idée d'opérer le broyage à sec se rattache directement à une question qui préoccupe à juste titre les sociétés minières du Transvaal : c'est l'approvisionnement en eau de toutes ces énormes batteries dans un pays où il n'existe ni sources ni eaux courantes. Fort heureusement, les pluies, dans le Witwatersrand, sont très abondantes pendant la saison d'été, et le relief du pays se prête bien à la création de grandes retenues d'eau par des barrages en travers des vallées. C'est le système qui a été adopté, dès le début, un peu partout, et qui donne des résultats très satisfaisants : il faut, en effet, une prolongation exceptionnelle de la sécheresse jusqu'au mois de novembre (*), comme celle qui s'est produite cette année même, pour que quelques-unes des batteries, avec leurs ressources actuelles, arrivent à manquer d'eau, et l'on dispose encore d'une forte marge pour augmenter le nombre et la dimension des étangs. Néanmoins, il est certain que l'alimentation en eau des batteries constitue une gêne et une dépense et que, si l'on pouvait arriver à broyer le minerai, non tout à fait à sec, mais simplement à l'état humide, l'avantage serait notable.

Dans deux mines, le procédé de broyage à sec fonctionne déjà ou va être employé très prochainement : à la George and May, où on l'emploie depuis environ un an et à la mine de Rip. A Rip, M. de la Bathie a installé, à la suite de concasseurs Blake, des broyeurs à cylindres (enveloppés de tôle, afin d'éviter les nuages de poussière produits par le broyage à sec). Au lieu de prendre le dispositif généralement adopté pour les cylindres, qui consiste à les rendre solidaires par un engrenage, en les

(*) De mai en octobre, il ne tombe généralement pas une goutte d'eau.

munissant seulement d'un ressort pour leur permettre de s'écarter devant un caillou trop dur, il les fait mouvoir par deux poulies indépendantes. Le minerai broyé va à une cuve rectangulaire, où il est traité, pendant 80 heures, par une liqueur cyanurée, qui lui arrive d'abord après avoir passé par deux cuves semblables, c'est-à-dire très appauvrie, puis après en avoir traversé une seule, et enfin directement.

Cette usine de Rip n'avait même pas encore commencé à fonctionner quand nous l'avons visitée; aussi, malgré le grand intérêt de ces tentatives, ne peut-on les considérer comme ayant reçu la sanction essentielle de la pratique ; nous revenons donc à l'étude du seul procédé généralement adopté jusqu'ici : le broyage par les pilons après concassage préalable.

Les pilons employés au Transvaal sont tous du même type classique, d'autant plus semblables entre eux qu'ils proviennent en général des mêmes maisons : Fraser and Chalmers de Chicago, Sandycroft de Chester (Angleterre), accessoirement Krupp de Magdeburg, etc. ; ce sont des batteries de cinq pilons, dont on vise de plus en plus à augmenter le poids, en même temps qu'on diminue le degré de finesse du broyage, en augmentant le diamètre des mailles de la toile métallique, par laquelle s'échappe la lavée.

Au début, on a employé des pilons de 203 kilogrammes (450 lbs), qui convenaient bien pour le minerai friable oxydé de la surface, mais sont devenus impuissants à broyer les roches très dures, que l'on extraira uniquement désormais ; aujourd'hui, on considère, comme la meilleure dimension, celle qui correspond à un poids de 476 kilogrammes (1.050 lbs) et, dans la nouvelle batterie de la Modderfontein, on a été à 566 (1.250 lbs). Le nombre de tonnes broyées par jour et par pilon s'accroît nécessairement en même temps que le poids des pilons, et c'est ainsi que les pilons de la Crown reef, lourds de 451 kilogrammes, broient $4^{tm},64$, tandis que ceux de la Nigel, lourds de 340 kilogrammes, broient seulement $2^{tm},45$. Cependant, il est évident qu'il y a une limite à cet accroissement et que les trop gros pilons présenteront, dans leur fonctionnement, des difficultés qu'on ne rencontrait pas avec les petits.

Le principal problème à résoudre avec les pilons est de ne broyer ni trop ni trop peu, c'est-à-dire de régler les cames et l'écoulement du minerai, de manière qu'une fois réduit en poussière suffisamment fine, celui-ci ne reste pas indéfiniment sous les bocards, qui alors, non seulement fournissent du travail inutile, mais font même de la besogne nuisible ; car ils écrasent l'or et les quartzites, et produisent à la fois de l'or flottant et des slimes : donc, de toutes façons, une perte en or. Dans ces appareils, les ruptures de pièces sont également assez fréquentes ; mais, étant donné que tous sont du même type et viennent à peu près des mêmes maisons, il est facile d'avoir immédiatement les pièces de rechange, sans qu'il en résulte un arrêt dans le travail.

D'une façon générale, les quelques chiffres suivants, représentant la moyenne de tout le Rand, montreront comment, avec les développements successifs de l'industrie, le rendement par jour et par pilon s'est accru très fortement, en même temps que le nombre des pilons lui-même :

	NOMBRE DE pilons en marche	TONNES MÉTRIQUES broyées par jour et par pilon
Janvier 1891	1412	moyenne 2.50
Janvier 1892	1560	2.00
Janvier 1893	1914	3.30
Janvier 1894	2169	3.32
Décem. 1894	2265	3.38
Août 1895	2565	3.75
Novem. 1895	2870	3.81

Cette amélioration du rendement provient, avant tout, de l'augmentation du poids des pilons ; néanmoins, elle peut correspondre aussi à un meilleur fonctionnement. On serait même tenté d'attribuer une importance exagérée à cette dernière considération, si l'on se fiait absolument aux résultats publiés par les diverses mines. Car, si nous prenons, par exemple, des mines ayant des pilons exactement du même poids (430 kilogrammes), donc comparables, et broyant, en outre, des minerais de dureté bien analogue, nous voyons que le broyage par jour et par pilon, en août 1895, a varié dans la proportion suivante :

JUBILEE	PRINCESS ESTATE	JUMPERS	SALISBURY	LANGLAAGTE BLOCK B	MEYER AND CHARLTON
tm. 2.92	tm. 3.10	tm. 3.31	tm. 3.35	tm. 3.53	tm. 3.70

LANGLAAGTE ESTATE	ROODEPORT UNITED M. R.	GINSBERG	WEMMER	GELDENHUIS M. R.
tm. 3.86	tm. 3.92	tm. 4.04	tm. 4.14	tm. 4.21

Il est bien probable que, dans l'inégalité tout à fait anormale de ces rendements, intervient une influence déjà signalée plus haut, celle des erreurs commises dans l'évaluation du nombre de tonnes broyées, et que les mines où l'on semble broyer une quantité trop forte de minerai, sont, en partie, celles où la quantité de minerai passé aux pilons s'est trouvée elle-même majorée, de manière à obtenir un prix de revient apparent plus économique.

Lorsque le minerai a été broyé par les pilons, son traitement mécanique est à peu près terminé (sauf quelques concentrations ultérieures dans les frue vanners, spitzkasten, spitzlutten, etc.), et il lui reste à subir surtout des *opérations métallurgiques*.

Ces opérations commencent dans le mortier même du pilon et se continuent, aussitôt après, sur des plaques de cuivre amalgamé, où l'on fait couler la lavée de minerai pulvérisé, par une attaque au mercure, attaque qui a pour effet de dissoudre, à l'état d'amalgame d'or (ultérieurement soumis à la distillation), une assez forte proportion d'or (free milling gold), allant de 55 à 65 p. 100 de l'or total contenu.

A cela s'est borné dans les premiers temps, et presque jusqu'en 1890, le traitement des minerais : les résidus de l'amalgamation, ou tailings, retenant 35 à 45 p. 100 de l'or, étaient à cette époque accumulés pour l'avenir.

Un premier progrès a consisté à soumettre ces résidus, ou tailings, à une concentration par l'appareil de préparation connu sous le nom de frue vanners, de manière à isoler, sous le nom de concentrés, les pyrites aurifères tenant encore environ 6 p. 100 de l'or, et à en extraire cet or, soit par une nouvelle amalgamation au Berdan-plan, soit plutôt par la *chloruration*.

Ce dernier traitement, qui s'exécutait dans des usines spéciales auxquelles les mines vendaient leurs concentrés, a donné de bons résultats depuis 1890, et fonctionne encore dans nombre de cas; mais il parait être appelé à disparaître prochainement un peu partout (ainsi peut-être que la concentration même aux frue vanners) pour faire place à un traitement direct des minerais broyés au *cyanure de potassium*.

Vers 1891, en effet, on a commencé à mettre en pratique (notamment par l'initiative de MM. Mac-Arthur et Forrest) la propriété, depuis longtemps connue, qu'a le cyanure de potassium de dissoudre l'or, et ce système, qui, ailleurs, n'a pas toujours donné de bons résultats avec des minerais plus impurs et plus rebelles (*), a si bien

(*) Il parait cependant qu'on commence à l'employer en grand pour les tellurures complexes du nouveau district, déjà fameux, de Cripple Creek, au Colorado.

réussi au Transvaal qu'il tend à détrôner peu à peu tous les autres.

On a commencé, en effet, vers 1891, par l'appliquer timidement aux résidus de la concentration, ou tailings, et on peut dire qu'à ce moment, en permettant d'extraire 20 p. 100 de l'or des minerais, jusqu'alors considéré comme perdu, il a sauvé un grand nombre de mines prêtes à sombrer; plus tard, on a eu l'idée de supprimer a concentration même, et de soumettre à l'action du cyanure le minerai broyé aussitôt après son amalgamation; aujourd'hui, c'est l'amalgamation qui va peut-être succomber à son tour; car, depuis un an ou deux, on s'évertue à chercher le moyen de faire passer le minerai directement du broyage aux cuves de cyanure, tantôt en conservant les pilons comme instrument de broyage, tantôt en leur substituant des cylindres ou d'autres appareils. Le procédé nouveau, outre un léger avantage d'économie (*) et une plus grande sécurité contre les vols, semble surtout permettre d'extraire une proportion plus forte de l'or contenu.

Nous ne pouvons songer à faire ici une étude complète de ce procédé si intéressant de la cyanuration, et nous nous abstiendrons notamment d'entrer dans les détails de son application ou de la construction des appareils où on l'utilise (**) ; mais nous en rappellerons le principe et nous indiquerons rapidement les plus récents progrès.

Quand le minerai broyé, sous forme d'une boue diluée entraînée par un courant d'eau, s'écoule, à l'extrémité des plaques d'amalgamation, cette pulpe, ou lavée, retient

(*) La dépense de mercure par tonne broyée n'entre guère que pour 0 fr. 07 sur un prix de revient total de 31 francs.

(**) Nous renvoyons pour les principes aux intéressants articles de M. de la Bathie dans *Le Génie Civil* de février 1895, ou à l'ouvrage d'Eissler : *The cyanide process for the extraction of Gold* (1895).

une certaine quantité d'or qui a échappé pour une cause quelconque à l'amalgamation : or flottant, rouillé ou grossier (floating, rusty, coarse gold), or combiné avec un métalloïde, or emprisonné dans la pyrite, etc.

La pulpe, soit après avoir été soumise à une concentration aux frue vanners ou aux spitzlutten, soit directement, se rend alors dans des cuves de dépôt (settling), où s'accumulent bientôt toutes les particules sableuses (tailings), tandis que des parties plus légères, argileuses, savonneuses (slimes) sont entraînées plus loin. Le traitement dont nous allons parler s'applique, jusqu'ici, uniquement aux tailings, qui représentent environ les 2/3 du minerai broyé ; nous dirons en terminant avec quelles modifications on espère pouvoir bientôt l'adapter également aux slimes : ce qui constitue, pour l'avenir du Rand, une question de haute importance, puisque avec ces slimes se perd actuellement, en moyenne, un dixième de l'or total.

Quand un minerai d'or est mis au contact du cyanure de potassium en présence de l'air, dans des cuves de dissolution (leaching vats), la réaction élémentaire qui se produit est la suivante :

$$2Au + 4KCy + O + H^2O = 2AuKCy^2 + 2KHO.$$

Il se forme ainsi une dissolution de cyanure double d'or et de potassium, dont il est facile ensuite de précipiter l'or, soit par le zinc (procédé Mac Arthur Forrest) soit par l'électricité, sur des couples plomb et fer (procédé Siemens et Halske).

Quelques substances, désignées sous le nom de cyanicides, ont pour effet de détruire le cyanure de potassium et de gêner le traitement: ainsi les pyrites fines à demi oxydées et transformées en sulfates acides qui, si l'on n'ajoute à la liqueur un peu d'alcali ou de chaux, mettent en liberté une certaine proportion d'acide cyanhydrique gazeux et forment avec l'or un acide auricyanhydrique $AuHCy^4$, que le zinc ne précipite pas. La présence de métaux étrangers, tels que le cuivre, pourrait également avoir des inconvénients ; mais, comme nous l'avons dit déjà, dans les minerais du Witwatersrand, ces métaux font à peu près complètement défaut ; de telle sorte qu'avec la cyanuration on arrive, dès aujourd'hui, et bien que les slimes restent encore inutilisés, à retirer 80 à 85 p. 100 de l'or total. Il n'y a guère que quelques mines, comme l'Orion, où la présence du cuivre réduit un peu le rendement.

Nous allons examiner successivement : 1° la dissolution de l'or dans le cyanure ; 2° la précipitation.

Au point de vue de la dissolution de l'or dans le cyanure, les progrès récents ont consisté, avant tout, dans une classification préalable des tailings par grosseur et densité de grains, chaque classe exigeant un contact avec le cyanure d'une durée différente, et d'autant plus long que la substance est plus fine, de telle façon qu'on peut, dans chaque cas, réduire le temps de l'opération au minimum, et faire de ce chef une économie dans les installations, la main-d'œuvre et même la dépense de cyanure.

On a également diminué, de plus en plus, le titre des dissolutions cyanurées et dissolvantes et, dans cet ordre d'idées, l'emploi de l'électricité comme précipitant a permis d'arriver à des liqueurs extraordinairement diluées (jusqu'à un dix-millième), ce qui rend la perte de cyanure presque insignifiante. En outre, on a, par toute une série d'artifices, multiplié les contacts du minerai avec l'air (la présence de l'oxygène étant, d'après la formule même, nécessaire pour la dissolution) et régularisé l'action des liqueurs cyanurées. Enfin, accessoirement, on a perfectionné la confection des cuves où se fait la réaction, de manière à surveiller et éviter les fuites, qui représentent une perte de cyanure aurifère, c'est-à-dire, à la fois, d'or et de cyanure, et l'on a également réduit et simplifié la main-d'œuvre, dont le rôle a toujours été, dans cette opération, assez insignifiant, ainsi que la durée des opérations qui entraîne naturellement une augmentation du matériel. Sur tous ces points, on a réalisé, dans ces derniers temps, de tels perfectionnements qu'il ne paraît plus en rester de bien importants à introduire et qu'une majoration des bénéfices de ce chef semble beaucoup moins à espérer que celle qui résultera probablement peu à peu du traitement des slimes et d'améliorations — ou d'économies — dans le travail des mines (*).

Nous pouvons prendre comme premier type le traitement très perfectionné organisé dans les mines de la Rand Central Ore Reduction C^y, en mentionnant, chemin faisant, les variantes adoptées dans telle ou telle autre installation.

La Central Ore Reduction C^y a installé une organisation particulière pour traiter de mauvais tailings, mélangés de slimes, salis par des matières organiques (**) ou des acides, qu'elle achète à diverses mines, celles-ci n'en ayant individuellement pas des quantités suffisantes pour employer le traitement compliqué dont nous allons parler; nous nous trouvons donc là dans le cas le plus difficile, qui, par de simples suppressions d'appareils ou d'opérations intermédiaires, peut se ramener aisément aux conditions habituelles.

Les tailings, élevés par un monte-charges, passent d'abord

(*) Nous ne parlerons pas des dissolvants de l'or autres que le cyanure de potassium, chlorure de soufre, etc., préconisés à grand fracas par quelques personnes et dont l'emploi n'est encore qu'une pure conception théorique.

(**) La présence de matières organiques ou de bois dans les cuves de cyanuration est très à éviter, puisque ces substances réductrices précipiteraient aussitôt un peu de l'or entré en dissolution, qui pourrait se trouver perdu.

dans plusieurs trommels inclinés destinés, le premier à éliminer les fragments trop volumineux, les autres à commencer un classement par grosseur. La pulpe, mélangée de chaux pour neutraliser les acides, arrive ensuite dans une série de spitzlutten où elle rencontre un courant d'eau ascendant, calculé de manière à établir chaque fois deux catégories, l'une plus lourde tombant au fond malgré le courant, l'autre plus légère entraînée. On obtient ainsi une classification très complète, et les diverses lavées sont conduites chacune à une cuve spéciale, où elles sont réparties (après filtrage destiné à arrêter les débris de bois), au moyen d'un distributeur tournant automatique à plusieurs bras inégaux : cet appareil a pour but d'éviter ce qui, sans cela, se passe parfois dans les cuves de dépôt, c'est-à-dire une concentration des matières plus denses au fond ou sur les bords, des plus légères en haut et au centre et, par suite, des irrégularités dans le traitement.

Grâce à cette classification préalable qui facilite beaucoup les réactions (*), on peut, dans cette usine, opérer la dissolution par le cyanure en une seule fois sans changer le minerai de cuve pour le répartir différemment et le remettre à l'air, ainsi qu'on le fait ailleurs dans la plupart des usines.

Comme la précipitation de l'or s'opère dans ce cas par l'électricité, on peut, en outre, employer, pour la dissolution, des liqueurs de cyanure de potassium extrêmement étendues qui ne conviendraient pas pour la réduction par le zinc ; en moyenne, on fait d'abord arriver de l'eau à 0,08 p. 100 de cyanure pendant 1 jour et demi ; puis à

(*) La classification préalable par spitzlutten tend à s'introduire dans beaucoup d'usines, Crown reef, Wolhuter, New-Heriot, etc., et souvent avec suppression de la concentration préalable par les frue vanners. Les usines nouvelles de la Wolhuter, de la Modderfontein ou de la New-Heriot n'ont pas de frue vanners ; la Geldenhuis, qui en avait eu pour ses 40 premiers pilons, les supprime pour les 80 pilons nouveaux.

0,03 p. 100 pendant 1 jour et demi; enfin à 0,01 p. 100 pendant 1 jour et demi; soit, en tout, 4 jours et demi; on prolonge, pour les plus gros sables, qui filtrent plus rapidement et pourraient garder un peu d'or au centre, l'action des solutions fortes, tandis que les sables fins sont plutôt traités par des solutions faibles et restent plus longtemps en présence du cyanure qui les pénètre moins aisément.

Dans cette usine, on emploie des cuves circulaires en bois de 8 mètres de diamètre et $2^{m},60$ de profondeur (dont $0^{m},30$ à la base occupés par un filtre, à travers lequel s'écoule la dissolution aurifère) et contenant 120 tonnes de minerai.

Les cuves sont à peu près partout, comme dans ce cas particulier, en bois et circulaires avec déchargement au fond, plus rarement en bois et rectangulaires : cette dernière forme, plus économique, convenant moins bien à l'établissement de cuves de grande capacité. Comme la tendance est d'en augmenter les dimensions de plus en plus, on fait actuellement quelques essais de cuves en tôle (City and Suburban, Modderfontein, Geldenhuis deeps, etc.); on a également tenté de les construire en maçonnerie (Geldenhuis, Langlaagte Estate, Crown reef): ce qui aurait permis de les faire aussi grandes qu'on l'aurait voulu ; et, en fait, on était arrivé à 360 tonnes métriques pour la Langlaagte Estate ; mais la maçonnerie, exposée à des alternatives d'humidité et de sécheresse, se crevasse et amène des pertes notables: en sorte que l'idée paraît abandonnée.

Pour les dimensions, le diamètre de 8 mètres, adopté à l'usine centrale de la Central Or Red. C[y], peut être considéré comme déjà assez grand ; souvent on n'a que 6 mètres, avec $1^{m},50$ de profondeur (*) ; on a été, par contre, pour une

(*) La profondeur dépend essentiellement de la nature et du degré de compacité ou de finesse de la substance traitée, c'est-à-dire de la facilité

autre usine de la même société, à 13 mètres avec une capacité de plus de 500 tonnes ; à la Simmer and Jack, on a atteint également 540 tonnes (*).

Dans le cas que nous venons de citer, on fait arriver la liqueur cyanurée par en haut, et elle filtre naturellement à travers le minerai pour s'écouler à la base ; certains ingénieurs (notamment au Champ d'Or) préconisent beaucoup le système inverse, dans lequel la liqueur arrive par le bas sous pression et se déverse à la surface ; on dit obtenir ainsi une dissolution plus complète de l'or ; mais le réglage de la pression est assez délicat : car, si elle est trop faible, le cyanure ne traverse pas et, si elle est trop forte, il se crée, dans le minerai, une sorte de cheminée où tout passe, le reste de la masse échappant à la réaction.

Le défaut principal auquel on a cherché à remédier par tous les moyens possibles, c'est l'existence, dans cette accumulation de sables plus ou moins argileux, de parties où, pour une cause quelconque, soit parce que la compacité y est plus grande, soit parce que la dissolution cyanurée s'est frayé un chemin ailleurs, la réaction chimique n'a pas le temps de se poursuivre jusqu'au bout, en sorte qu'il reste dans les résidus un peu d'or définitivement perdu. En outre, généralement, la partie supérieure des cuves cède plus complètement son or que le fond : ce qui, lorsqu'on ne veut pas changer de cuve au milieu de la réaction, a parfois conduit à diminuer la profondeur.

Pour éviter ces inconvénients, l'un des procédés, que nous venons de nous trouver décrire incidemment, consiste : d'abord à bien classer les minerais par densité et

---

avec laquelle elle se prête au filtrage. Pour les concentrés, les cuves sont toujours moins profondes.

(*) A la Wolhuter, les cuves, nouvellement installées, ont 12 mètres de diamètre et 2m,40 de profondeur ; elles tiennent 315 tonnes.

ensuite, dans chaque classe, à remédier aux inégalités subsistantes par l'action du distributeur automatique.

Ailleurs, on se contente, après avoir fait agir une première liqueur de cyanure de remuer le minerai à la pioche et à la pelle, de manière à l'aérer et à le mieux répartir (Geldenhuis Estate).

Dans cet ordre d'idées, un progrès tout naturel a été de changer le minerai de cuve pour la seconde réaction : ce qui, il est vrai, oblige à avoir une série de cuves supplémentaires, mais assure la modification désirée dans la répartition des sables. Ces secondes cuves, on a commencé par les mettre à une certaine distance (Wolhuter, Robinson), le minerai étant alors déchargé des premières cuves dans des wagonnets par un procédé quelconque (trappe au fond, trappe latérale, jet à la pelle par dessus bord) et transporté à distance ; on a trouvé, dans ces derniers temps, qu'il serait plus simple de mettre les deux cuves l'une au-dessus de l'autre, de manière à rendre le déchargement presque automatique et c'est, en somme, le système que l'on tend à installer dans les usines les plus récemment construites : ainsi, à la Geldenhuis deep (Rand Mines), où les cuves sont en tôle, la supérieure de 9^{m},30 de diamètre et 3 mètres de profondeur, l'inférieure de 8^{m},40 sur 3^{m},60, etc.

Dans le cas de l'usine de la New Comet (East Rand), on a, pour une usine de 60 pilons, une série de spitzlutten, puis 5 premières cuves de dépôt (settling) circulaires en bois, d'environ 6 mètres de diamètre sur 2^{m},50 de profondeur, placées sur des bâtis en charpente à 6 ou 7 mètres au-dessus du sol et, à leur pied, cinq autres cuves de cyanuration (leaching). La particularité de cette installation, c'est l'existence de deux autres grandes cuves peu profondes destinées au traitement des concentrés, cuves formées en réalité chacune de deux récipients concentriques et indépendants (l'extérieur annulaire) de manière à faire un premier traitement dans la cuve extérieure par la dissolution forte, et un second, après transbordement, par la dissolution faible dans la cuve centrale. C'est là encore une manière de résoudre le même problème.

Au point de vue de la force et de la durée d'action des liqueurs cyanurées, nous avons cité un cas où, la précipitation devant se faire à l'électricité, le titre du cyanure était particulièrement faible ; quand on doit précipiter par le zinc, on ne peut, quoique la tendance soit d'employer des dissolutions de plus en plus diluées, arriver à des teneurs aussi extrêmes.

A la Wolhuter, la solution forte est à 0,35 p. 100 ; la faible à 0,08 p. 100.

Au Champ d'Or où, contrairement à ce que nous venons de voir faire à la Central Ore Reduction C[y], on préconise, pour utiliser une partie des slimes, l'idée de les mélanger avec les tailings, on emploie les solutions suivantes :

Pour concentrés, solution forte..	0,3 à	0,6	p. 100 de cyanure.
Tailings, solution forte...........		0,25	—
Tailings, solution faible		0,08	—

Là le traitement dure normalement 3 jours pour les tailings (jusqu'à ce qu'ils ne contiennent plus que 1[gr],5 à 2 grammes d'or) ; la solution forte passe pendant 12 heures, et ensuite plusieurs solutions faibles successives. Quand on en a le temps, après ces réactions, on lave à l'eau pure pour enlever les dernières traces d'or et de cyanure, et cette eau sert, à la fin, pour faire la solution. Avec les tailings mélangés de 1/4 à 1/8 de slimes, on prolonge le traitement cinq jours.

Pour les concentrés, le traitement, beaucoup plus laborieux, puisqu'il s'agit d'un minerai infiniment plus riche, dure près d'un mois en changeant de cuve tous les huit jours pour aérer.

A la New-Heriot, le traitement des concentrés dure 14 jours.

D'une façon générale, l'habitude est de faire agir d'abord les liqueurs les plus fortes et ensuite, à mesure que le minerai s'appauvrit, les liqueurs de plus en plus faibles; le but est d'enlever de suite et le plus rapidement possible la majeure partie de l'or contenu; cependant, on peut se demander s'il ne serait pas plus logique, comme on le fait dans la plupart des industries chimiques fondées sur la dissolution, d'employer d'abord des liqueurs faibles avec le minerai fort et, à la fin, des liqueurs fortes avec le minerai déjà appauvri, par suite, ayant plus de peine à céder le peu d'or qu'il contient encore. Ce principe a été introduit par M. Périer de la Bathie dans une usine nouvelle qu'il a eu l'occasion de construire.

Passons maintenant à la précipitation de l'or en dissolution. Cette précipitation s'est faite, jusqu'ici, presque exclusivement par le zinc; mais, dans un petit nombre d'usines (qui se bornent encore à peu près à celles de la Central Ore reduction C[y]) on a installé le nouveau système électrique Siemens et Halske, qui paraît offrir quelques avantages notables.

La précipitation par le zinc s'opère dans de petites caisses, dites *extracteurs*, ou zinc-boxes, où l'on met du zinc en copeaux et où l'on recueille, tous les quinze jours ou tous les mois, l'or précipité par ce métal en même temps qu'une partie du zinc chargé d'or.

Ces produits, mélangés avec un peu de nitrate de potasse, sont d'abord grillés pour oxyder le zinc et permettre ensuite sa scorification; puis on les fond avec du bicarbonate de soude, du borax, de la silice et parfois du spath-fluor; on obtient ainsi des lingots d'or brut (bullion) qu'il ne reste plus qu'à soumettre à un raffinage.

Le procédé Siemens et Halske, introduit au Transvaal seulement depuis un an ou deux et encore assez combattu, consiste dans la précipitation de l'or par l'électrolyse en solution très diluée de cyanure de potassium.

L'électrode négative, sur laquelle se dépose l'or, est formée de feuilles de plomb extrêmement minces (un peu difficiles à manier), que l'on retire environ tous les mois pour les fondre en lingots ; l'électrode positive est en fer, de telle sorte qu'il se produit du ferrocyanure de potassium, c'est-à-dire du bleu de Prusse, qu'on dissout dans la soude caustique et fond (après évaporation) avec du carbonate de potasse, pour récupérer le cyanure de potassium.

La consommation du plomb est d'environ 560 grammes par tonne de tailings traités ; celle du cyanure de potassium descend à 120 grammes (au lieu de 380), par suite de la possibilité qu'on a d'employer des dissolutions de cyanure très faibles, et de les reconstituer en grande partie. En résumé, il paraît y avoir, sur le procédé au zinc, économie de près de 2 francs par tonne sur le traitement, comme le montrent les chiffres moyens suivants :

	TRAITEMENT PAR LE CYANURE avec précipitation au zinc	TRAITEMENT AVEC PRÉCIPITATION par l'électrolyse
Main-d'œuvre	2 fr. 50	2 fr. 50
Cyanure de potassium	2 »	0 60
Chaux	0 10	0 10
Zinc	1 10	»
Plomb	»	0 15
Fer	»	0 25
Soude caustique	»	0 50
Charbon	0 30	
	6 fr 00	4 fr. 10

A la Robinson, le prix du traitement au zinc est descendu à 5 fr. 90 ; celui par l'électricité n'a coûté à la Central Ore Reduction C[y], en 1894, que 3 fr. 90, dont 1 fr. 10 qour frais de transport des minerais. L'or extrait représentant environ 16 à 17 francs par tonne, on voit, d'après ces prix de revient, quel bénéfice l'industrie de l'or retire chaque jour de la cyanuration.

Ces prix, il est vrai, ne comprennent pas la redevance due aux détenteurs de l'un ou l'autre brevet. Or, avec le procédé Siemens, il faut payer, croyons-nous, 3 p. 100 de l'or extrait (environ 0 fr. 50 par tonne). Avec le procédé Forrest, le prix demandé est, il est vrai, plus considérable, jusqu'à 7 et 9 p. 100 de l'or produit; mais son exagération même a amené les Sociétés minières du Rand à contester la solidité du brevet, et les précédents créés dans la même question par des jugements prononcés en d'autres pays leur donnent bon espoir d'obtenir gain de cause; en attendant, sauf pour les Sociétés qui avaient fait des contrats antérieurement au procès, les sommes à payer ne sortent pas de la caisse et ne figurent sur les comptes que pour mémoire, à titre de fonds de réserve créés pour parer à toute éventualité.

Par tous les procédés que nous venons de passer en revue, on arrive à extraire des minerais 80 à 85 p. 100 de l'or contenu.

La proportion des divers produits a été, par exemple, à la Crown reef, d'avril 1894 à avril 1895, la suivante (en tonnes métriques) :

					Or retiré par tonne		Or perdu
Tonnes broyées 180.700 t. à 18g,35 d'or fin par tonne	donnant	batterie	180.700	fr.........	10g,50	57,76 p.100	»
		concentrés .	5.700	soit 3 p. 100	1 ,04	5,78 —	0,11 = 0,67 p. 100
		résidus sableux (tailings).	119.200	— 66 —	3 ,50	19,21 —	1,45 = 8,20 —
		résidus argileux (slimes)	55.800	— 31 —	.....	....	1,75 = 9,97 —
			180.700		15 ,04	81,31 p.100	3,31 18,84 p.100

Voici d'autres chiffres correspondant, d'après M. Hatch,

à la moyenne de l'or extrait de la série du Main-Reef depuis quelques années :

Amalgamation (batterie)	14gr,28	12gr,60
Concentrés chlorurés	0 ,21	0 ,20
Concentrés cyanurés	0 ,24	0 ,17
Tailings	4 ,55	3 ,19
	19 ,28	16 ,16
Tailings en excès	1 ,40	0 ,98
	20 ,68	17 ,14

Le tableau relatif à la Crown reef met bien en évidence la forte proportion d'or qui se perd actuellement dans les slimes : environ 0,1 de l'or total. C'est dans la réduction possible de cette perte que réside une des plus grandes améliorations à espérer pour l'avenir du Transvaal ; aussi dirons-nous, pour terminer, quelques mots des efforts tentés pour porter remède à ce défaut du traitement.

La première idée que l'on cherche à réaliser est de commencer par réduire la proportion des slimes eux-mêmes et c'est, en partie, le but poursuivi dans les dernières tentatives de broyage par cylindres, etc. : on reproche, en effet, avec raison, aux pilons de broyer trop longtemps la même poussière fine, dont ils aplatissent peu à peu les grains, de manière à former cette substance savonneuse, légère, qu'on appelle le slime. Il paraît y avoir beaucoup à faire dans cette voie ; mais ce n'est pas sans hésitation qu'on peut renoncer à un appareil simple, bien connu, et ayant fait ses preuves comme le pilon, pour se lancer dans la nouveauté ; aussi est-il prudent d'attendre le résultat des expériences en cours, pour se prononcer.

A côté de cela, on a cherché à traiter les slimes, une fois produits, par deux méthodes qui semblent assez contradictoires : les uns en mélangeant d'une façon bien régulière une certaine proportion de slimes aux résidus quartzeux, ou tailings (procédé adopté au Champ d'Or) ; les autres, en poussant jusqu'à ses dernières limites la séparation des slimes proprement dits, argileux et rebelles à la filtration du cyanure et des sables quartzeux, extrêmement fins, généralement confondus avec les slimes, mais qui, malgré leur finesse extrême, se prêtent encore au traitement simple. C'est ce dernier système, — le plus rationnel, croyons-nous, — qui a été adopté à la Central Ore Reduction C[y], où il doit actuellement commencer à fonctionner en grand, et que nous croyons intéressant de décrire.

Cette Société a récemment acheté les slimes de quelques Compagnies à minerais riches, comme la Robinson, à des conditions qui, si nous ne nous trompons, sont les suivantes : 2 fr. 50 par tonne, plus moitié du benéfice net de l'opération, ce dernier calculé en tenant compte d'un amortissement des installations en 5 ans ; ce qui, pour 200.000 tonnes de la Robinson, correspond à environ 1 fr. 30 par tonne. Par le même contrat, la Robinson s'est engagée à fournir à la Société, pendant cinq ans, au même taux les slimes qu'elle produira.

A la suite de ce contrat, une usine a été installée sur les terrains de la Robinson, usine dans laquelle on commencera par faire subir aux slimes, retirés de leurs bassins de dépôt, une préparation destinée à en extraire environ 40 p. 100 de sables quartzeux extrêmement fins qu'ils contiennent.

A cet effet, les slimes, mélangés d'eau, passent d'abord à travers un trommel et une grille, puis sont entraînés dans une série de spitzlutten à courant d'eau ascendant assez faible pour permettre la précipitation d'une partie des éléments quartzeux. Ces sables fins, divisés par cette préparation en trois catégories suivant leurs dimensions, vont d'abord dans des cuves de dépôt, puis dans d'autres cuves de traitement peu profondes, où on les traite comme d'habitude par la cyanuration.

Cette partie de l'opération est celle dont les résultats semblent, dès à présent, les mieux assurés. D'autre part, il reste, sur la masse totale de slimes, ainsi classifiées, 60 p. 100 de slimes proprement dits, noyés dans un flot d'eau très abondant et qu'il s'agit de recueillir : c'est là, en pratique, une chose fort compliquée ; car ces parcelles très fines sont un temps énorme avant de se déposer. On espère activer suffisamment cette précipitation par un produit chimique gardé secret, dans lequel il entre, paraît-il, de la chaux, et on laissera se perdre l'excès qui aura refusé de se précipiter (*).

Les slimes arriveront alors dans des cuves de cyanuration, où on les maintiendra au moyen de bras mobiles dans un état d'agitation continue (**). L'or des slimes étant à l'état de particules extrêmement fines, parfois microscopiques, se dissout aisément à la condition de maintenir les matières en suspension par une agitation continue ; mais il faut arriver à bien séparer la dissolution de cyanure d'or des slimes traités, avant de rejeter ceux-ci comme stériles ; car tout ce qu'ils retiendraient de cyanure aurifère serait perdu, et c'est là également une question assez délicate.

Si l'expérience tentée réussit, on arrivera peut-être à retirer les 2/3 de l'or contenu dans les slimes, ce qui représenterait environ 6 p. 100 de l'or total des minerais. Avec un chiffre de production qui dépasse 180 millions par an, la conséquence pratique, on le voit, serait énorme. Mais c'est à peu près la dernière limite qu'on puisse espérer atteindre dans cette voie et, quand on aura extrait ainsi près de 90 p. 100 de l'or contenu, il sera bien diffi-

---

(*) Cette partie des installations n'était pas encore construite lors de notre départ de Johannesburg, à la fin de septembre.

(**) On a également proposé d'opérer cette réaction dans des conduites en bois inclinées au milieu d'un courant d'eau, ou de faire arriver dans les cuves des jets d'air comprimé pour brasser constamment les slimes.

cile de récupérer le reste; en effet, l'or ainsi perdu est, en grande partie, de l'or emprisonné dans des grains de quartz ou de pyrite, sur lequel les dissolvants n'ont pu agir. Pour l'extraire, il faudrait donc théoriquement reprendre et rebroyer les derniers résidus qui constitueraient des minerais à 2 ou 3 grammes d'or au plus : ce qui serait folie évidente, alors qu'on laisse avec raison sans y toucher, dans le sol, des couches entières de minerais à 6 ou 7 grammes.

D'autre part, une petite portion de l'or pourrait bien encore être obtenue en prolongeant très longtemps l'action du cyanure ; mais, là encore, les bénéfices ne couvriraient pas les frais. Il faudra donc se résigner, de ce côté, à ne plus faire que des progrès relativement insignifiants.

En résumé, avec les procédés actuels, les frais d'exploitation et de traitement par tonne métrique de minerai, non compris l'amortissement des installations, varient de 22 francs par tonne de 1.000 kilogr. à 80 francs et sont, en moyenne, de 32 à 35 francs, comme le montrent deux tableaux ci-joints, l'un donnant seulement le prix total, l'autre, le prix détaillé (*) : c'est-à-dire que la teneur limite à laquelle un minerai paye les frais est actuellement de 10 à 11 grammes, quand il s'agit d'une mine couvrant, en même temps, ses frais généraux par des minerais plus riches, et de 13 à 14 au moins, s'il s'agit de la moyenne réelle des minerais traités; le surplus constitue le bénéfice.

(*) Les deux tableaux ne se rapportent pas à la même période de temps : ce qui explique pourquoi les chiffres du total n'y concordent pas exactement. A la Crown reef, par exemple, les frais d'exploitation étaient de 30 fr. 90 en janvier 1893, de 29 francs en juin 1893 ; par une diminution progressive, ils sont arrivés à 20 fr. 40 en mars 1895.

TABLEAU I. — *Frais d'exploitation par tonne broyée. — Résultats moyens du 1er semestre 1895.*

	City and Suburban	Crown Reef	Geldenhuis Estate	George Goch	Johannesburg Pionneer	Jumpers	May Consold	Metropolitan	Meyer and Charlton	New-Chimes	New-Kleinfontein	New-Rietfontein	Princess Estate	Robinson	Roodepoort Durban	Simmer and Jack	Wolhuter	Salisbury
Nombre de tonnes métriques broyées...	86.949	91.616	57.317	30.457	9.822	53.107	41.010	25.554	19.980	22.311	29.251	17.194	16.006	50.481	43.445	59.078	19.306	16.084
	fr. c.	fr. c.	fr. c.	fr. c.	fr. c.	fr. c.	fr. c.	fr. c.	fr. c.	fr. c.	fr. c.	fr. c.	fr. c.	fr. c.	fr. c.	fr. c.	fr. c.	fr. c.
Frais d'exploitation par tonne métrique; comprenant l'extraction, le broyage, le traitement métallurgique, le transport, l'entretien, les frais généraux et l'amortissement des travaux préparatoires.	36.97	37.34	33.41	36.93	32.10	39.21	29.83	34.42	38.82	38.22	34.75	51.43	60.82	43.57	31.48	33.04	52.72	83.22 (*)

(*) Ce chiffre, pour la Salisbury, correspond à l'année finissant en juin 1894.

TABLEAU II. — *Détail des frais d'exploitation par tonne de 1.000 kilogr. broyée, dans quelques mines du Rand.*

	CROWN-REEF 30 mars 1894 au 30 mars 1895	FERREIRA juin-décembre 1894	GEORGES GOCH avril-août 1894	LANGLAAGTE ESTATE année 1894	SIMMER AND JACK janvier-juin 1895	ROODEPOORT United juin 1894-juin 1895	NEW-PRIMROSE 1er semestre 1895	HENRY NOURSE 30 juin 1894-30 juin 1895	GLENCAIRN juin 1894-juin 1895	GEORGES AND MAY 30 juin 1893-30 juin 1894	GELDENHUIS ESTATE mars 1894-mars 1895	CITY AND SUBURBAN année 1894
Nombre de tonnes métriques broyées dans la période correspondante	200.785	25.100	32.200	259.016	55.136	61.467	139.034	29.366	80.603	9.004	106.828	119.849
Nombre de tonnes métriques de tailings traitées par la cyanuration	132.411	21.000 (**)	20.715	283.250	81.200	70.716	90.649	20.830	64.635	6.500	109.465	135.402 (***)
	fr. c.	fr. c.	fr. c.	fr. c.	fr. c.	fr. c.	fr. c.	fr. c.	fr. c.	fr. c.	fr. c.	fr. c.
Abatage, extraction, épuisement	20.40	18.20	12.90	10.10	16.20	25.00	14.97	33.85	13.39	9.05	13.80	17.60
Transport du minerai de la mine à l'usine	0.20	0.40	0.40	0.30	0.90		1.30	2.05	0.50	1.85	0.80	»
Broyage	3.75	7.25	5.10	3.70	6.10	4.55	2.76	6.95	4.04	5.10	5.10	6.10
Frais généraux	3.20	»	5.40	1.75	2.50	2.80	0.75	»	3.98	5.50	1.35	2.80
Traçages	1.55	10.00	6.25	3.10	4.25	»	2.68	10.00	8.28	2.50	7.60	6.20
Traitement des résidus de l'amalgamation, par tonne broyée (*)	3.60	6.57	2.63	3.40	»	3.40	3.75	7.24	5.10	2.14	3.35	3.70
Traitement des concentrés	»	»	»	»	2.90 (****)	»	»	»	»	»	»	»
Total	32.70	42.42	32.68	22.35	36.85	35.75	26.41	60.09	35.29	26.14	32.00	36.40
(*) Traitement des résidus de l'amalgamation, par tonne traitée au cyanure	5.00	9.85	5.00	5.20	»	5.10	5.75	10.00	6.37	3.20	5.00	5.55

Remarques générales. — Les frais ne comprennent pas l'amortissement des installations et traçages (dépréciation). De plus, à chaque tonne de minerai traité correspondent seulement 65 à 75 p. 100 de tailings. Le total des tailings traités dans un temps donné par une mine peut comprendre, en outre, des tailings accumulés pendant une période antérieure ou, au contraire, ne pas comprendre tous les tailings produits. Il est donc impossible d'admettre brutalement le chiffre de frais obtenu. Nous avons réduit en conséquence la dépense à la cyanuration par tonne de tailings de manière à avoir la dépense proportionnelle afférente à la tonne de minerai extrait.

Quand le chiffre des tonnes traitées a été supérieur à celui des tonnes broyées, nous avons considéré les frais par tonne broyée comme équivalents aux 2/3 des frais par tonne traitée à la cyanuration.

(**) Nous n'avons pu trouver le chiffre des tailings traités pendant cette période. Nous l'avons déduit du chiffre des tailings pour tout l'exercice.

(***) Ce chiffre comprend 48.836 tonnes de tailings et 86.566 tonnes de nouveaux tailings. Nous avons pris le chiffre moyen des dépenses pour ces deux catégories.

(****) Les tailings de la Simmer and Jack étaient vendus jusqu'au 1er juillet 1895; le prix que nous donnons ici pour leur traitement est donc fictif et uniquement destiné à permettre de comparer le prix de revient total avec celui des autres mines.

Des variations de prix du simple au triple, telles que celles manifestées par ces tableaux, avec des minerais aussi analogues les uns aux autres, sont bien faites pour étonner, et il est probable qu'on doit les interpréter, en partie, comme nous l'avons dit plus haut, par les erreurs commises dans la façon toujours très approximative de compter les tonnes extraites (*). Néanmoins, il est bien évident aussi que, dans certaines mines riches (et même dans d'autres qui le sont moins) on ne fait pas toutes les économies qu'il serait possible de réaliser; sans atteindre le prix de revient tout particulièrement bas de la Langlaagte Estate (22 fr. 55 par tonne métrique), on pourrait, ce semble, dans bien des cas, arriver à 30 ou 35 francs comme à la Geldenhuis Estate, à la Crown reef, etc. Il y a, de ce côté, bien des progrès à attendre et, par suite, des espérances à concevoir.

Si nous ajoutons à cela le bénéfice qui peut résulter, un jour ou l'autre, du traitement des slimes, la diminution qu'on finira sans doute par obtenir dans le prix de certaines substances, comme le charbon (grevé par l'État de frais de transport excessifs), la dynamite (monopolisée), etc., il y a, ce nous semble, de quoi contrebalancer es craintes que peut faire concevoir la disette actuelle de main-d'œuvre et, par suite, nous sommes, en résumé, porté à supposer que le bénéfice par tonne, à teneur égale, ira dans l'avenir plutôt en augmentant qu'en diminuant, même avec un approfondissement des exploitations, qui, pour des mines aussi sèches et probablement destinées à le rester au moins quelque temps encore, se traduira, en somme, par un supplément de dépenses d'extraction et de frais d'installation première assez insignifiant.

(*) Le triage plus ou moins complet a, d'autre part, une influence sur ce prix de revient, puisqu'il répartit les dépenses entre un moindre nombre de tonnes (il est vrai plus riches). Cette cause peut influer, par exemple, sur le prix de revient de la Ferreira, qui est la mine où ce triage est de beaucoup le plus complet.

TABLE DES MATIÈRES.

PREMIÈRE PARTIE. — ÉTUDE GÉOLOGIQUE.

DEUXIÈME PARTIE. — EXPLOITATION ET TRAITEMENT MÉTALLURGIQUE. PRIX DE REVIENT.

TOURS

IMPRIMERIE DESLIS FRÈRES

6, Rue Gambetta, 6

www.ingramcontent.com/pod-product-compliance
Ingram Content Group UK Ltd.
Pitfield, Milton Keynes, MK11 3LW, UK
UKHW021053230726
13926UKWH00004B/1824

9 782013 573894